家庭服务业规范化培训教材

家庭服务从业人员职业指导与权益维护

发展家庭服务业促进就业部际联席会议办公室组织编审

中国劳动社会保障出版社

图书在版编目(CIP)数据

家庭服务从业人员职业指导与权益维护/易银珍主编. —北京：中国劳动社会保障出版社，2012

家庭服务业规范化培训教材

ISBN 978-7-5045-9819-6

Ⅰ.①家… Ⅱ.①易… Ⅲ.①家庭-服务人员-基本知识 Ⅳ.①TS976.7

中国版本图书馆 CIP 数据核字(2012)第 160001 号

中国劳动社会保障出版社出版发行

(北京市惠新东街 1 号 邮政编码：100029)

出 版 人：张梦欣

*

中国铁道出版社印刷厂印刷装订 新华书店经销

787 毫米×1092 毫米 16 开本 10 印张 145 千字

2012 年 8 月第 1 版 2012 年 8 月第 1 次印刷

定价：22.00 元

读者服务部电话：010-64929211/64921644/84643933

发行部电话：010-64961894

出版社网址：http：//www.class.com.cn

家庭服务业规范化培训教材

编审委员会

主　任：汪志洪

副主任：沈水生　王淑霞　金　龄　韩智力　韩　兵

委　员：陈　伟　应三玉　李盅盅　张彤业　张　伟　任　萍

王启宁　苏圣龙　何春晖　高芮星　冯　启　杨　冬

解伟钢　常保明　赵建德　曹炳泰　曹建国　徐增开

魏香全　钟天卓　毕京福　吕志华　张国庆　蒲宏良

黄华新　农春友　黄会武　唐继邦　刘业先　代建伟

李振宇　赵云华　徐　立　彭接运　邢剑波　孙光贵

吴云华　易银珍　张东风　高玉芝　王　君　张继英

编 审 人 员

主　编：易银珍

副主编：胡艺华

参　编：李钰清　王　琪　龚　展

审　稿：尚　华

前 言

根据《国务院办公厅关于发展家庭服务业的指导意见》（国办发［2010］43号）文件精神，为大力发展家庭服务业，提高家庭服务从业人员职业素养和职业技能，在发展家庭服务业促进就业部际联席会议办公室组织下，我们编写了家庭服务业规范化培训教材，首批包括《家庭服务从业人员职业指导与权益维护》《家庭服务从业人员职业道德》《家政服务员》《养老护理》《母婴护理》《病患陪护》6种教材。

为使教材贴近行业用人需求，我们做了大量调研工作，重点选取山东、湖南、广东、辽宁、内蒙古等省、自治区，对百余家家政服务企业和家政服务培训机构开展问卷调查，获取了较为全面翔实的第一手信息。同时，我们还组织了一支过硬的教材编审队伍，其中包括参与家庭服务相关国家职业技能标准编写和审定的专家、来自全国“千户百强家庭服务企业”的技术能手、职业培训教育领域的专家和家庭服务业政策理论研究专家等。经过历时一年多的精心打造，最终使这套教材呈现在大家面前。

在教材编写过程中，我们始终坚持以国家职业技能标准为依据，在内容上体现“以职业活动为导向、以职业能力为核心”的指导思想，突出被培训者实际操作技能、统筹计划能力、人际沟通能力等综合能力的培养。考虑到家庭服务地域性特点，在坚持教材内容通用性、普遍性的基础上，适当兼顾内容的差异性需求。同时从被培训者实际水平出发，力求语言通俗易懂、图文并茂，增强教材的可读性。此外，还注重在教材中反映行业发展的新知识、新理念、新方法和新技术，努力提高教材的先进性。

这套教材适合于各级各类职业培训机构开展家庭服务相关职业培训时使用，也可作为家庭服务从业人员工作指导手册。欢迎广大读者对教材中存在的不足之处提出宝贵意见和建议。

家庭服务业规范化培训教材编审委员会

目录

第一章 放下思想包袱 正确认识家庭服务职业 / 1

第一节 认识家庭服务职业内涵 / 3
第二节 家庭服务是受人尊重的职业 / 8
第三节 家庭服务是大有可为的职业 / 16

第二章 做好求职准备 找到适合自己的服务岗位 / 23

第一节 了解就业行情 / 25
第二节 做好求职准备 / 35
第三节 掌握应聘技巧 / 42
第四节 注意求职诀窍 / 46

第三章 明确从业要求 努力提高服务工作质量 / 53

第一节 家庭服务主要岗位职责 / 55
第二节 家庭服务工作的特点 / 57
第三节 家庭服务岗位行为要求 / 62
第四节 加强文明礼仪修养 / 78

第四章 自觉遵纪守法
有效维护自身合法权益 / 89

第一节 认清家庭服务关系 学会签订合同 / 92
第二节 了解法律责任 掌握解决争议、维护权益的方法和途径 / 109
第三节 家庭服务中发生劳动权益损害的处理 / 121
第四节 家庭服务中发生人身权益损害的处理 / 126
第五节 家庭服务中发生财产权益损害的处理 / 138

结束语 奔向家庭服务业的春天 / 144

附 录 家政服务合同参考文本 / 145

1 第一章　放下思想包袱 正确认识家庭服务职业

第一节　认识家庭服务职业内涵

第二节　家庭服务是受人尊重的职业

第三节　家庭服务是大有可为的职业

从事什么样的职业，对每个人来说都是人生中的一次重大抉择，必须以理性的眼光来认识自己选择或从事的职业。只有深刻理解职业的内涵、价值和特点，才会真心实意地珍惜它，发自内心地热爱它，脚踏实地地认真工作，最终创造出精彩的职业人生。今天，想要从事家庭服务工作的人们，或正在从事家庭服务工作的人们，你们真正了解家庭服务职业吗？作为家庭服务从业人员，应该怎样来看待自己所选择的家庭服务职业，应该树立一种什么样的职业理念，怎样才能由衷地焕发出自己的职业自信心和荣誉感？

其实就在我们身边，无数平凡的家庭服务从业人员正用她们的亲身经历告诉大家：在平凡的家庭服务岗位上也能实现自己灿烂的人生价值。

第一节　认识家庭服务职业内涵

一、家庭服务职业的内涵

所谓家庭服务职业，就是以家庭为服务对象，以满足家庭生活对劳务的需求的服务性职业。家庭服务是一个历史悠久的传统行业，过去人们习惯把家庭服务从业人员叫做保姆、佣人等。随着现代社会人们生活水平的提高，家庭服务社会化的需求激增，人们不再把家庭服务看做奢华或者地位的象征，而是作为减少家庭负担的生活必需，家庭服务内容日益丰富，家庭服务已经成为一个蓬勃发展的新型产业，家庭服务职业也由原来简单家务劳动为主的普通家政服务员、普通病患陪护等，发展出中高端的专业化月嫂、营养师、育婴师、家庭理财师、高级管家等职业门类。

然而，由于受传统落后观念的影响，还有一些人习惯把家庭服务从业人员与过去传统意义上地位低下、干活受气的保姆、佣人混为一谈，对家庭服务职业存在着种种偏见和误解，导致对家庭服务从业人员的不尊重和歧视。

事实上，家庭服务职业与传统的保姆、佣人工作有着本质的不同。

1. 职业身份不同

传统的保姆、佣人存在于小农经济时代，由于当时家庭服务还没有形成一个正式的行业，保姆、佣人没有自己的行业依托，仍然从属于雇主所在的那个行业。比如，地主田绅雇用的佣人除了承担日常家务劳动，往往还会被雇主指派从事农耕、家畜饲养等农业生产；又如家庭染坊等手工作坊主雇用的帮佣除了从事日常家务劳动之外，还从事浆染一类的雇主所在行业的工作。所以，他们根本不可能实现专业化、职业化，也无法获得独立的职业身份。而现代家庭服务员是市场经济发展的产物，是与家庭服务行业相伴而生，专门从事与家庭生活相关的劳务活动，从社会上众多的职业中独立出来，不断实现专业化、职业化。从根本上讲，家庭服务员的职业身份是现代服务产业工人。

2．社会地位不同

传统的保姆、佣人受雇于某个家庭，与雇主之间是一种主仆关系，具有人身依附性，有的甚至属于雇主的私有财产，在人格和社会地位上都是不平等的，被视为“下人”，是剥削制度所遗留下来的产物。而现代家庭服务职业是国家认定的正式的社会职业，受到国家法律保护，家庭服务人员根据一定的劳动服务协议，为客户提供家庭服务，与客户的关系是职业上的平等交换关系，没有人身依附性，两者在人格上、在社会地位上是完全平等的。这是家庭服务职业与传统的保姆、佣人在根本性质上的不同。

3．工作内容不同

传统的保姆、佣人的工作比较单一，多为带孩子、洗衣服、打扫卫生、伺候雇主饮食等一些简单的家务劳动。相比较而言，现代家庭服务的工作内容更广泛且技术含量更高，很多工作都需要经过专业技能培训。除一般家务工作外，专业的家庭服务工作内容还涉及家庭保健、婴幼儿及孕产妇护理、家居美化、家庭法律维权、家庭投资理财等。家庭服务从业人员还需要学会使用各种现代家用电器，涉外家庭服务人员还需要掌握一定的外语等。随着社会的进步，人们对家庭生活的要求日益提高，家庭服务职业的工作内容还将不断拓展。

4．工作规范不同

传统的保姆、佣人虽然是一份工作，但并不是一个正规的社会职业，没有统一的行业规范，什么样的人可以充当保姆、佣人，其工作怎样、能力怎样，没有统一的标准可依。如果发生纠纷，也视为主仆间的私事，很难得到公正评判。而现代家庭服务成为国家认定的社会职业后，国家制定了统一的职业标准，对工作内容、操作规程有非常明确的规范，工作中一旦发生纠纷可按照标准进行评估，分清是非，依照有关法律保护双方的正当权益。

5．服务面向不同

传统的保姆、佣人是为少数人服务的。过去享受保姆、佣人服务是权贵阶层的特权，普通劳动者没有这个机会和条件。而现代家庭服务是为大多数人服务的，在市场经济条件下，任何一个家庭，只要有家庭服务需求和一定的消费能力，都可以购买并享受家庭服务。在家庭服务市场上，人人平等。随着我国经济社会发展，城乡居民的生活水平不断提高，在国家不断加大投入改善民生、扶持家庭服务产业发展等政策的推动下，家庭服务已经走进寻常百姓家，成为服务大众、惠及全民的社会职业。

所以，有志投身家庭服务事业的人们和已经在家庭服务领域工作的人们必须铭记：从事家庭服务工作，与其他社会职业一样拥有职业的平等性，那些强加给家庭服务职业自卑感和屈辱感的时代已经一去不复返。

二、家庭服务业的范畴与家庭服务职业门类

目前我国家庭服务产业还处于初级发展阶段，虽然“保姆”作为家庭服务的前身，存在的历史比较悠久，但是真正发展成为一种产业并走进寻常百姓家，则始于20世纪80年代。家庭服务业，概括地说，就是以家庭及其所在社区为服务对象，以满足家庭生活或社区事务对劳务的需求以及优化家庭赖以运转的社区环境为目标，对整个家庭运转和家庭发展具有直接、重要的公共影响的服务业。家庭服务业的范畴包含家政服务业、社区服务业、家外病患陪护服务业、养老助残服务业、家庭外派委托服务和家庭专业（特色）服务业等，如表1所示。

从家庭服务业的范畴中我们可以发现，家庭服务职业有狭义和广义之分。我们通常把以居民家庭为服务对象，以居民家庭事务为服务内容，主要满足居民家庭服务需求的家庭服务职业称为狭义的家庭服务职业，如常见的家政服务员、养老护理、病患陪护、母婴护理、育婴服务、钟点工、居家保洁、家庭教育、营养配餐、家电维修、家庭水暖维护、高级管家等。

表 1　　家庭服务业的范畴

职业门类	职业工种举例
家政服务	住家保姆、家庭管理、家庭保育、家庭日常保洁、家庭烹饪、家庭内部洗衣、家庭园艺、家庭秘书、家庭护理、家庭宠物饲养、管家等家庭事务管理活动，包括钟点工等
社区服务	社区福利服务、社区便民利民综合服务、社区废旧物资回收利用服务、社区环境服务、社区保安服务、社区信息化、社区物业管理服务
家外病患陪护服务	医院病患陪护、在其他场所的病患陪护
养老助残服务	社区养老助残服务、社会化养老助残服务
家庭外派委托服务	搬家服务、庆典服务、接送服务、家庭装饰装修服务、家庭开荒保洁服务
家庭专业（特色）服务	应用专门知识、技能或专业化的实践经验，根据家庭需求向其提供在某一领域内的特殊服务，知识含量、科技含量和智力密集型程度较高。专业（特色）服务的提供者往往具有较高学历或丰富的培训、工作经历，是某一领域的专门人才，如月嫂、育婴师、家庭教师、家庭医生、家庭顾问、专业陪聊、家政咨询师

家政服务员

养老护理

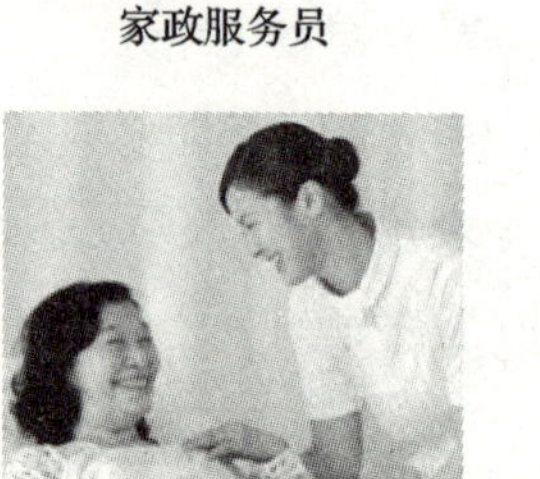
病患陪护

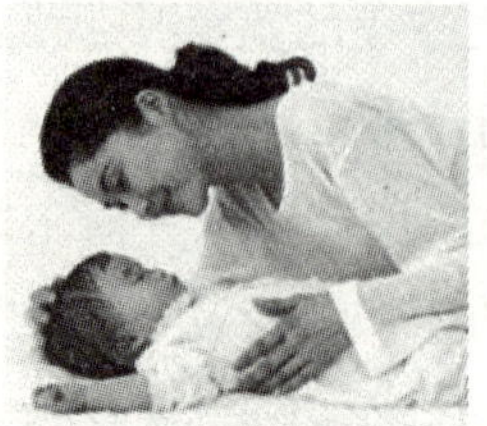
母婴护理

社区作为家庭的依托，虽然有些服务不直接面向家庭，而是以家庭所在社区为服务对象，因其直接或间接地显著影响家庭的需求，也属于家庭服务职业，被称为广义的家庭服务职业，如表 1 中的社区养老助残服务、社区废旧物资回收利用等职业。

随着社会的发展和家庭的变化，家庭服务的领域不断扩展，延伸到人们日常生活的方方面面，家庭服务的专业化分工日益细化，一些新的技术工种逐渐进入家庭服务范畴，如育婴早教、催乳师、经络检测、中医保健、养生调理、家庭教师、家庭顾问、家庭医生等。现代家庭服务职业所覆盖的领域已经从最传统的职业扩展到充满活力的新兴职业。

按照从事的服务层次，家庭服务职业可以划分为简单劳务型、知识技能型和专家智慧型三大层次，如表 2 所示。

表 2　家庭服务职业的层次

职业层次	职业工种举例
简单劳务型	主要依靠简单的体力劳动和基本经验，或经过简单的培训，具备常用基本知识，如普通保姆、简单的病患陪护等
知识技能型	具备一定的专门知识和技能，需要经过较为规范的专业培训，并积累较长时间的实际经验，如月嫂、营养师、育婴师、护理服务、家庭教师、老年专业护理等
专家智慧型	具备较为高深的专业知识和丰富的从业经验，堪称某一领域的专家，能够向家庭提供富有智慧、特色和创造性的问题解决方案，如家政咨询师、婚姻咨询师、高级医疗保健顾问等

其中简单劳务型处于行业职业领域的低端，知识技能型和专家智慧型分别处于行业职业领域的中端和高端。目前家庭服务高端从业者占整个家庭服务行业从业人数的比重不大，但高端从业者大多数收入水平较高，工作体面，受人尊敬，因而吸引越来越多的拥有本科、硕士以上学历的人才投身家庭服务行业中高端领域和经营管理岗位，有利于提升行

业从业人员整体素质。此外，随着涉外家政服务需求的扩大，即便是同样简单的家政服务工作，因为服务对象是外国人家庭，对从业人员的语言能力、服务技巧等提出更高要求。例如要求从业人员要了解外国人的文化习惯、饮食习惯、风土人情等，要掌握一定的外语，能进行日常沟通交流等。这些新的需求都会促进家庭服务职业的进一步细化和不断更新，对从业人员提出更高的素质要求。

所以说，正是不断发展的家庭服务需求催生了家庭服务职业的更新，也促进了家庭服务产业一天天发展壮大。作为一名家庭服务从业人员，我们不仅可以堂堂正正地、自尊自信地从事家庭服务职业，而且随着家庭服务业的发展，我们还能在这里成就自己的一番事业。

第二节　家庭服务是受人尊重的职业

一、家庭服务是造福于人、造福于己、造福于社会的福祉职业

所谓福祉，简单地说，就是幸福、福利的意思，也有美满祥和之意。从某种意义上讲，福祉是每个人对生活的一种美好追求。增进广大人民群众的福祉，是构建社会主义和谐社会的重要目标和重要内容。之所以说家庭服务职业是福祉职业，主要是因为家庭服务职业最根本的价值就是为人们家庭生活提供服务，在服务中创造福祉，造福于人、造福于己、造福于社会。因而，它理所当然受到人们的尊重。

1．家庭服务工作为广大客户创造舒适的生活环境，提高了客户的生活质量

在现代社会里，人们常忙于工作，很难有足够的时间去处理自己的家庭事务，也无力亲自细心照顾自己的家人，特别是家中的老人、病人、婴幼儿和孕产妇等。家务料理、家人照料成为很多人的一块“心病”。如果这块“心病”得不到很好解决，会直接影响人们的幸福感和家庭和睦，进而影响人们的事业发展。

家庭服务职业就是以“为民、便民、利民、安民”为宗旨，以满足老、弱、病、残、孕、忙群体的生活需求为直接目标，为人们排忧解

难，把人们从家庭琐事的辛苦中解放出来，从而更好地投入自己的事业中去。同时，通过专业化的家庭服务，合理安排家庭成员的日常生活，真正提高了家庭生活质量和幸福指数。从这个意义上讲，家庭服务职业给广大客户创造了福祉。

案例与点评

小李和小张是一对“80后”夫妇，两人都是当下最时尚的“白骨精”（即白领、骨干、精英），在别人眼里，他们是郎才女貌、天生一对。但结婚后，两人经常为家庭琐事吵架，因为两人都是独生子女，从小过惯了衣来伸手、饭来张口的生活。如今有了自己的家庭，两人都希望对方多分担一些家务活，但谁也不愿意多干，由于平时工作都很忙，很少有时间收拾家里，家里常常弄得一片狼藉，为此两人经常吵架，互相指责。慢慢地，双方都不太愿意回家，即便是回到家里，两人也陷入冷战，甚至在一次吵架中两人还提出了离婚。这件事可把双方的父母急坏了，后来小李的岳母到当地一家家政服务公司为小两口请了一位姓龚的家政服务员，专门负责照料他们的家庭生活。龚阿姨勤快又能干，每天把家里收拾得干干净净、井井有条，还能做一手可口的饭菜，让小李和小张再也不用为家务活犯愁了，两人每天回到家里都感到非常温馨，仿佛又找回了恋爱时的幸福感。最近，小张怀孕了，小李高兴极了，双方的父母更是乐坏了。谈起自己现在的幸福生活，小两口异口同声地说：“幸亏有了龚阿姨，否则我们可能早就分手了，是家庭服务给我们带来了家庭的幸福。”

【点评】小李和小张的经历发人深省。本来幸福美满的两个人，却因为琐碎的家务事而使生活蒙上阴影，这种现象在我们今天这个时代、在由独生子女组成的“80后”家庭中似乎并不少见。而家政服务员龚阿姨的出现，让他们濒临破裂的家庭回归到正常的轨道，让他们找回了从前的温馨和幸福。正如他们自己所说，是家庭服务给他们带来了家庭的幸福。当前，还有很多像小李和小张一样的第一代独生子女所组成的家庭，他们为琐碎的家务事而烦心、吵闹甚至走向情感破裂的边缘，正是许许多多像龚阿姨一样勤劳肯干的家政服务员，用自己的汗水和智慧为他们创造着幸福、守护着家庭。

案例与点评

徐先生在美国工作，其母亲独自一人在天津居住，无人照顾。2009年徐先生从美国回津探亲，决定为母亲聘请一名家政服务员。经过反复比较，徐先生从众多家政服务公司中找到天津鑫康洁家政服务公司。公司根据徐先生介绍的情况为其安排了合适的服务员，徐先生才安心地回美国工作。之后老人多次提出需要更改服务时间和服务内容，公司不但没有使她家工作空岗，而且选派的员工一个比一个让老人满意。在老人突发疾病、身边没有亲人照顾的情况下，公司及时安排员工昼夜陪伴在老人身边，员工的细心照顾使老人的身体很快康复。身在大洋彼岸的徐先生非常感动，多次从美国发来感谢信，感谢公司对他母亲的周到服务。2011年8月，徐先生的母亲从美国探亲回来，徐先生又亲自打电话，要求公司继续为他的母亲提供家政服务，还将该公司推介给他在天津的许多朋友。

【点评】徐先生的经历表明，正因为有了家庭服务企业的诚信服务和家庭服务人员的辛勤付出，徐先生的母亲才得以安度晚年、快乐生活，徐先生才得以在国外安心工作，做到了“忠孝两全”。由此可见，家庭服务职业为广大客户解决了后顾之忧，给那些有需要的家庭提供了帮助，实实在在称得上是“幸福的使者”，把福祉带给了千家万户，所以家庭服务职业应该得到全社会的尊重。

2．家庭服务工作使家庭服务从业人员实现自立自强，为其个人及家庭创造了幸福的生活

家庭服务工作在为广大客户创造福祉的同时，也给从业人员自己创造了福祉。

首先，家庭服务工作给从业人员提供了可供选择的就业机会。家庭服务职业的社会需求量大，门槛不高，比较合适普通劳动者。在当前严峻的就业形势下，很难找到一个像家庭服务这样的职业，能够为广大普通劳动者提供如此数量充足且源源不断的就业机会。

其次，家庭服务工作给从业人员提供了一份相对稳定的收入。家庭服务职业的待遇虽然不是很高，但对于普通劳动者来说，从事这个职业所获得的收入，不仅可以实现个人的自立自强，还能改善家庭生活，而且收入相对稳定可靠，一般不存在“讨薪难”的问题。

最后，家庭服务工作给从业人员提供了一个干事创业的平台。俗话说，“三百六十行，行行出状元”。家庭服务有着广阔的职业舞台和良好的机遇，从事这个职业，只要有梦想、愿意奋斗，就能够在这里找到属于自己的用武之地，能够干出一番成绩，取得事业上的成功。

案例与点评

刘桂香，一名普通的下岗女工。2002年进入济南阳光大姐服务有限责任公司从事月嫂服务。如今，她早已摆脱了当初下岗时的苦闷、无助与彷徨，成长为一名掌握家政服务、育婴服务、营养配餐、按摩等多种技能的家庭服务专业人才。2008年，她光荣地成为济南市家政服务行业第一位享受政府津贴的首席技师。刘桂香最常说的一句话就是:“来到‘阳光大姐’想不到的太多太多：想不到家政服务员能受到社会的尊重；想不到自己如今每月能有5 000多元的收入，不仅解决了自己的生活难题，而且能供女儿去日本留学；更想不到自己会爱上家政服务这个职业，而且把它当做一项事业用心去经营。我为自己是一名‘阳光大姐’而感到光荣和自豪。”

【点评】刘桂香的经历表明，家庭服务职业不仅给客户带来福祉，同样也给从业人员带来福祉。刘桂香从一名下岗女工到如今月收入5 000多元、享受政府津贴的首席技师，这种华丽的蜕变既来源于她自身的努力奋斗，也得益于家庭服务职业。正是家庭服务这份充满朝气、蕴含活力的职业，让她找到了自己的用武之地，成就了自己的一番事业，同时也获得了丰厚的回报，赢得了社会的尊重。

案例与点评

那淑玲，一名普普通通的农村妇女。2000年为给女儿治病，家里欠下了3万多元的债，无奈之下，她只身来到哈尔滨打工。在接受了市妇联家政培训后，她做了一名母婴护理员。头一次撇开丈夫、孩子，来到陌生的城市，吃住在陌生人的家里，开始还真有些不习惯，同时，一些亲戚朋友对她这份工作也很不理解，但她始终坚持一个信念，就是要靠自己的劳动挣钱还债，更希望有朝一日能够用自己辛勤的付出让全家人过上好日子。她凭借着对家庭服务行业的执著与热爱，勤奋好学，肯于吃苦，一步一个脚印地从一名羞涩的农村妇女成长为一名优秀的母婴护理师。在工作中，她处处为客户着想，赢得了客户的一致好评，许多她服务过的家庭都把她当做家中一员，经常保持联系。那淑玲在城里站稳了脚跟，就劝丈夫也来哈尔滨和她一起从事家庭服务工作。现在两个人每月收入有3 000多元，夫妻二人在6年的时间里不仅还清了外债，还盖起了新房。那淑玲致富不忘家乡人，她还带动300多个同乡姐妹来到市妇联家政服务中心，其中很多人后来也成为优秀的家政服务员。

那淑玲的事迹赢得了社会广泛的好评，2007年，她被评为哈尔滨市首届农民工劳动模范，2008年又被授予“全国优秀农民工”称号，成为全国首位家政服务行业获此殊荣的农民工。

【点评】那淑玲的经历表明，家庭服务职业确实是一个值得人们尊重的职业。那淑玲之所以能够成为全国首位家政服务行业获得“全国优秀农民工”殊荣的人，在于她始终怀着对家庭服务行业的执著与热爱，勤学苦干，自立自强；在于她真诚敬业，用诚实的劳动和良好的职业道德赢得了客户的尊重和信任；在于她始终坚守在家庭服务岗位上，不断给客户带来幸福，同时使自己的命运得以改变。从她的经历中我们看到了家庭服务职业的内在魅力和发展前途。

在我们的身边，有千千万万个像刘桂香、那淑玲一样的普通家政服务员，她们用行动坚守着自己的职业，并不断奋发向上。她们向社会证明：家庭服务职业与其他职业一样，也是凭劳动吃饭，靠双手赚钱，为社会造福，同样实现着个人价值，在社会上树立起自立自强的良好形象，赢得了社会的尊重。

3．家庭服务业为整个社会创造了幸福

家庭是社会的细胞。家庭服务业一方面服务家庭，照料广大老、弱、病、残、孕、忙群体，改善了民生，增进了社会和谐；另一方面，它促进了城镇下岗职工、农民工和其他就业困难群体就业，提高了社会危困人群及其家庭收入水平，也促进了社会的稳定与和谐，所以我们说家庭服务业为整个社会创造了幸福。

2009 年，国务院专门制定发展家庭服务业促进就业部际联席会议制度，对家庭服务业进行统筹管理，标志着家庭服务业已被纳入国家战略发展层面。

二、家庭服务是有专业技术的职业

也许在有的人眼里，家庭服务就是洗衣做饭、打扫卫生之类的简单家务事，没有技术含量。其实，这种看法是不对的。随着时代的发展和人们家庭生活的变化，现代家庭服务日益成为有专门知识技能内涵的专业技术职业。

1．现代家庭服务本身就包含了很多学问

以普通家政服务员为例，它包含了操持家务、看护婴幼儿、照料老人、陪护病人、护理孕产妇等多项职责，涉及制作家庭餐、家居保洁、衣物洗涤与保管、家用电器和燃具使用、采买与记账等常规工作，还有专门适用于婴幼儿、老人、病人、孕产妇等特殊人群的饮食料理、生活起居照料、异常情况应对等护理工作。这些繁多的家务活里蕴含着各自专门的学问，要想做到得心应手，绝非一朝一夕就能实现的，必须经过专门的系统培训。光靠平常的生活经验，已经很难满足现代家庭的家务需求了。也正因为如此，很多人常常对家务活感到束手无策，转而求助于家庭服务专业人员。从这个意义上讲，作为家庭服务专业技能人才，家庭服务人员在现代家庭生活中所发挥的作用越来越重要。

案例与点评

深圳的汪女士是一位生意人，基本上每天都有应酬，所以家中各式各样的衣服很多，加起来有好几百件。以前每次出门，她总是要花很长时间才能找到合适的衣服，为此她烦恼不已。后来，她从深圳新安子家政服务公司请来了家政服务员余微。余微在公司里参加过“家政服务五常法”的专业培训，她到汪女士家中工作后，总是一丝不苟地按照五常的要求去打理。她把汪女士的衣物按季节、颜色、类型分别进行整理。现在再打开衣柜一看，一目了然、井井有条。对此，汪女士赞叹不已，她在家政服务公司的回访中说道："真的是太谢谢你们了。有余微帮我打理后，我再也不用为找衣服的事情烦恼了。"

【点评】汪女士的经历表明，看似简单轻松的家庭服务工作其实并不简单。对于汪女士来说，即便是整理衣服这样的家务事，也是那么让人无所适从、烦恼不已。但是到了家政服务员余微手上，情况就不一样了，她能够运用自己的专业和技能，按照规范的程序，高效率地整理好衣服。由此可见，家庭服务确实是一个技术活，只有那些培训合格的家庭服务人员才能胜任这项工作。

2．现代家庭服务中现代科技的广泛应用推动了职业的专业化发展

随着时代的发展，人们不断追求低碳、绿色、环保、健康、高效的生活方式，对家庭生活的质量和效率提出新要求，这在客观上推动现代科技在家庭服务中的广泛应用，大量的现代科技产品进入人们的生活，越来越多的家务劳动为现代科技所改变。现代科技在家庭服务中的广泛应用，对从业人员的专业知识和技能素质不断提出新要求，从而推动了家庭服务职业的专业化发展。

3．国家职业标准对家庭服务从业人员的专业素质作出明确规定

国家通过制定家庭服务各职业门类的职业标准，明确各职业中不同等级应掌握的知识技能，从而为技术人才的培养提供统一标准和专业规范。例如我国现行《家政服务员》国家职业标准规定，家政服务员必须具备与工作内容相匹配的专业知识和技能。《家政服务员》国家职业标准把家政服务员分为初级（国家职业资格五级）、中级（国家职业资格四级）、高级（国家职业资格三级），知识技能要求由低到高，形成系统的职业技能规范。以家政服务员看护婴幼儿为例，作为初级家政服务员，要求掌握婴幼儿日常生活照料的相关知识技能，如日常盥洗、穿脱衣服、换尿布等；而作为高级家政服务员，则要求能进行婴幼儿语言表达能力培养、生活自理能力培养、社会交往能力培养等婴幼儿教育。可见，每一个等级都包含一定的专业性。不论哪一个工种、哪一个层级的家政服务员，都必须参加专业培训，培训的目的就是为了提高家庭服务从业人员的专业素质。由此可以看出，国家对家庭服务的定位不是一项低层次、简单化的工作，而是有一定技术含量的专业性工作。

相关链接

按照《家政服务员》国家职业标准的规定，我国家政服务员目前共设三个等级，分为初级（国家职业资格五级）、中级（国家职业资格四级）、高级（国家职业资格三级），每一个等级都有相应的申报条件。经国家职业技能鉴定考核合格后，才能获得相应的职业资格证书。具体申报条件如下：

初级家政服务员（具备以下条件之一即可）：

（1）经本职业初级正规培训达到规定标准学时数并取得结业证书。

（2）在本职业连续工作半年以上。

中级家政服务员（具备以下条件之一即可）：

（1）取得本职业初级职业资格证书后，连续从事本职业工作半年以上，经本职业中级正规培训达到规定标准学时数并取得结业证书。

（2）取得本职业初级职业资格证书后，连续从事本职业工作 1 年以上。

（3）取得经劳动保障行政部门审核认定的，以中级技能为培养目标的中等职业学校本职业毕业证书。

（4）连续从事本职业工作 3 年以上。

高级家政服务员（具备以下条件之一即可）：

（1）取得本职业中级职业资格证书后，连续从事本职业工作 1 年以上，经本职业高级正规培训达到标准学时数并取得结业证书。

（2）取得本职业中级职业资格证书后，连续从事本职业工作 2 年以上。

（3）大专以上相关专业毕业生，经本职业高级正规培训达到规定标准学时数并取得结业证书。

（4）连续从事本职业工作 5 年以上。

三、家庭服务是奉献爱心的职业

要做好家庭服务工作，必须有相当的专业知识和技能，但仅有专业知识和技能是远远不够的，家庭服务是充满爱心、默默奉献的职业。

家庭服务呼唤爱心，需要爱心。因为家庭服务直接进入人们的家庭，服务于人们的家庭生活，照料老人、病人、婴幼儿和孕产妇等特殊群体。面对稚嫩柔弱的婴幼儿、孤独寂寞的老人、体弱多病的患者，或刚刚经历阵痛的幸福母亲，看着他们，就会让人想到自己的家人，需要充满爱心地对他们加以关怀和照顾。正如古人所云："老吾老以及人之老，幼吾幼以及人之幼。"真诚地关心、爱护、帮助客户家庭中的每一个成员，就是我们家庭服务职业的立身之本。

家庭服务又是一个默默奉献的职业。因为家庭生活是实实在在的，由很多琐碎而简单的小事构成，小到"柴、米、油、盐、酱、醋、茶"，具体到"一日三餐吃什么、怎么吃"。作为家庭服务人员，最根本的职责就是帮助客户做好这些小事，处理好这些具体的事务。正因为干的都是小事，所以家庭服务职业注定不可能在社会的大舞台上干出"经天纬地"的大事，更多的是像一棵小草，朴实无华，默默无闻。

不仅如此，家庭生活包罗万象，涉及方方面面，既有事务性的劳动，也有思想、情感的交流，而且家庭生活中还有很多临时性、突发性、反复性的事务。正因为家庭生活如此之复杂，家庭服务人员默默奉献着时间、精力、爱心和智慧，用自己的辛勤劳动，为客户家庭创造了美好的生活。他们无疑应当受到全社会的尊重。

第三节　家庭服务是大有可为的职业

一、家庭服务具有广泛的社会需求，为各类群体提供了广阔的职业舞台

在我国，家庭服务的社会需求很大。据调查，我国大中城市有 40% 的家庭需要社会提供服务。面对持续增长的市场需求，家庭服务人员呈现出供不应求的趋势。根据中国家庭服务业协会统计，目前全国家庭服

务市场总计约有 2 900 万个岗位需求，从业人员缺口至少在 1 000 万人以上（见图 1）。

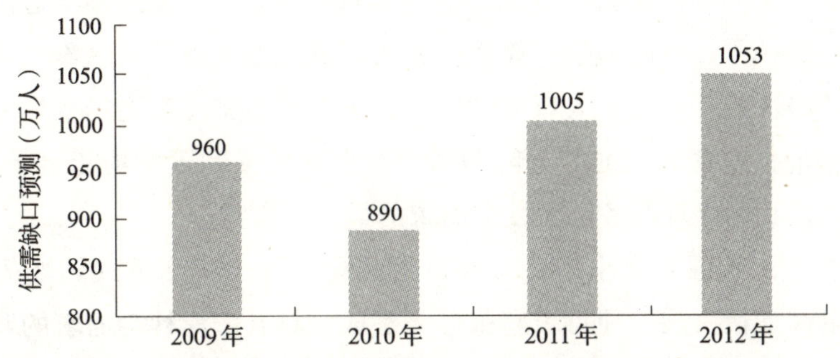

图 1　2009—2012 年全国家政服务员缺口增长及其预测

我国家庭服务市场之所以存在如此巨大的社会需求，主要有以下几个方面的原因：

1．人们对高质量家庭生活的追求促进了家庭服务需求激增

随着社会经济和科学技术的发展，人们的生活水平越高，对高质量家庭生活的追求就越强烈。现代人不仅希望吃得好一些——营养丰富，色、香、味俱全，而且希望住得好一些——宽敞、美观、清洁；同时也渴望有和谐的家庭关系、健康的身体、优秀的子女等。具有专业家政知识、掌握持家技巧的专业家庭服务人员进入家庭，为家庭成员服务，可以让家庭成员拥有高质量的生活。

2．激烈的社会竞争、紧张的生活节奏，迫使人们要求家庭功能逐渐向社会转移，实现家务劳动社会化

随着我国工业化、城镇化进程的加快，现代社会竞争日益激烈，人们的生活节奏大大加快，紧张而繁忙的工作占据了人们越来越多的时间和精力，用于处理家务劳动的时间越来越少，迫切需要由专业人员来打理家庭事务，满足家人的各种需求，使家庭成员从繁杂的家务劳动中解放出来，有更充裕的时间投身事业和享受生活。

3．我国家庭小型化、人口老龄化的发展趋势推动家务劳动社会化需求迅速膨胀

进入 21 世纪以来，我国人口老龄化进程不断加快。据统计，我国 60 岁以上人口已经超过 1.78 亿。以前老年人的赡养主要由家庭承担，而随着我国家庭结构的变化，家庭小型化和“4—2—1”家庭［指家庭中有 4 个 60 岁以上老人（系夫妇双方父母）、中青年夫妇 2 人和孩子 1 人］的大量涌现，家庭成员既要应对繁重的工作，又要照顾年迈的父母和年幼的孩子，身心俱疲，原来依靠大家庭互助实现的家庭养老正面临巨大冲击。此外，由于人口流动性大，子女不在父母身边的空巢家庭也日益增加，这些老人的养老问题需要社会化的家庭服务功能给予补充。这是构成我国家庭服务巨大社会需求的最重要因素。

总之，我国家庭小型化、人口老龄化和社会生活方式转变等问题还在继续加快发展，使得家庭服务无疑成为具有广泛社会需求的职业之一。近年来每逢春节期间，全国大中城市的家庭服务行业普遍闹起了“用工荒”，尤其是在一些发达城市，往往是“一人难求”“高价难找”，还常常发生几个客户同时高薪争抢一名优秀家政服务员的现象。所以，我国现阶段和未来一个时期，家庭服务都属于紧缺急需的职业。另外，由于人力资源市场的供需矛盾使得近年来家庭服务人员的薪酬待遇有了较大幅度的提升。据统计，2011 年全国绝大多数城市中，家庭服务主要工种的工资指导价位要高于当地最低工资标准。尤其是那些训练有素、专业技能过硬的家庭服务人员的工资水准已经超过了刚进入职场的白领，进入当地的“高薪行列”。以母婴护理（俗称“月嫂”）为例，目前在不少城市的家庭服务市场上，月嫂都属于“香饽饽”。随着生育高峰期来临，月嫂的需求量剧增，薪水也水涨船高。

家庭服务市场上客户争抢优秀家政服务员

案例与点评

37岁的聂女士毕业于某大学电子工程专业，大专学历，毕业后被分配到老家的粮食部门工作，几年后下岗，之后她从事过五星级酒店接待等工作，两年前看好月嫂行业前景，经过培训后转行做月嫂。良好的知识背景使她快速成为同行中的佼佼者，两年时间已经获得了行业先进等荣誉。如今她是宁波一家品牌家政服务公司最高学历和最优秀的月嫂之一，月薪拿到公司最高标准6 600元。她在接受记者采访时说："月嫂工作不简单，做好了很不容易，看到自己服务的妈妈和宝宝都满意，自己很有成就感，客户对我也很尊重，薪酬也不错，我希望把月嫂作为自己的终身职业，现在最大的愿望是能在宁波买房安家。"

【点评】聂女士的经历表明，大学文凭只是一个学历，而在社会上生存主要靠的是能力，从事家庭服务行业是一个不错的选择，只要你踏实肯干，就能够在家庭服务这片新天地里尽情地施展自己的才能，那么，高薪就业和成功人生就都不是梦。

家庭服务作为有着广泛社会需求的职业，就业机会相对较多，对于普通求职者来说，只要符合基本条件，都可以在这里找到一份合适的工作。而高端家庭服务领域"优质优价、优才高薪"的待遇也为那些具有高学历、高技能的人才进入家庭服务行业提供了动力。可见，家庭服务行业向具有不同文化程度和生活阅历的人开启了大门，只要努力奋斗，都能有所作为！

二、家庭服务业得到国家的大力扶持和社会的广泛关注，行业逐步步入规范、有序发展

家庭服务业作为一个充满勃勃生机的"朝阳"产业，已被纳入经济社会发展全局，提到国计民生的战略高度，党和政府出台一系列推动家庭服务业发展的重大举措和好政策。

2010年10月，党的十七届五中全会强调：发展以家庭为服务对象、向家庭提供劳务、满足家庭生活需求的家庭服务业，是保障和改善民生的重要举措，"发展家庭服务业"随即正式被纳入我国《国民经济和社会发展第十二个五年规划纲要》。2011年9月，国务院制定了《中国老

龄事业发展“十二五”规划》，其中特别强调要“建立以居家为基础、社区为依托、机构为支撑的养老服务体系”。2012 年 3 月，国务院总理温家宝在《2012 年政府工作报告》中明确指出：“大力发展社会化养老、家政、物业、医疗保健等服务业。”

根据国家对家庭服务业的战略部署，到“十二五”期末家庭服务业增加值将达到 2 500 亿元，力争向 3 000 亿元迈进，到 2020 年将达到 4 000 亿元，力争向 5 000 亿元迈进；家庭服务业吸纳就业人数到“十二五”期末和 2020 年分别达到 2 000 万人以上和近 3 000 万人。可以肯定地说，家庭服务业的跨越式发展将为广大家庭服务从业人员提供广阔的“建功立业”的舞台。

与此同时，国家高度重视家庭服务从业人员的专业化发展，积极开展家庭服务从业人员的职业技能培训，鼓励从业人员参加职业技能鉴定，取得职业资格证书，构建家庭服务从业人员从初级、中级、高级到技师、高级技师的发展通道。加快家庭服务业经营管理和专业人员培养，将其纳入国家专业技术人才中长期规划并抓好落实，旨在全面提高家庭服务从业人员整体素质，努力打造一支素质合格、管理规范、富有活力的专业化队伍。

此外，政府和社会各界还很重视家庭服务从业人员的权益保障，研究制定适应家政服务特点的劳动用工政策及劳动标准，促进家政服务员体面劳动；定期公布家庭服务职业工资指导价位，促进工资水平逐步提高；以灵活方式鼓励从业人员参加社会保险；积极实施家庭服务业信息化和公共服务平台建设工程等。

家庭服务业在国家的大力扶持和社会的广泛关注下，行业正逐步向规范、有序的方向发展，家庭服务从业人员未来的发展道路将更为宽广！

三、家庭服务开启走向国际舞台的道路

在西方发达国家，家庭服务业具有较高的专业化、规范化和现代化水平。家庭服务职业是一个体面的社会职业，可以获得比较丰厚的经济收入和良好的社会保障。以日本为例，它的家庭服务职业非常成熟、规范，具体来说有五大特点：劳动合同明确、就业规则严厉、工作报酬丰

厚、劳动时间分明、各方保险齐全。因此，家庭服务职业被誉为“体面如职员，收入像白领”。

在欧美一些发达国家，家庭服务职业还被纳入政府的移民申请计划。比如在加拿大，海外的家政服务员只要具有高中以上学历，有六个月的相关专业培训证明或近三年内有一年以上的相关工作经验，具备日常英语会话能力及简单的英语阅读理解能力，都可以向加拿大移民部申请赴加工作。凡成功获得家政员工工作签证的海外申请人在加拿大工作满两年后，就有资格在当地申请获得加拿大绿卡。

在一些发展中国家，家庭服务行业很受政府重视，被当做是国家的支柱产业。为了解决国内的就业难题，政府每年都要向海外输送劳务，其中家庭服务人员是主力军。她们往往具有较高的文化素质和专业技能，能够为客户提供周到而专业的服务。而整个国家对这一行业的重视以及其为国家带来的可观收益，都让家政服务成为一个地位较高、颇受尊重的职业，成为本国民众赴海外务工的首选。有资料显示，目前菲律宾有超过 350 万人常年在海外从事家政服务工作，印度尼西亚、马来西亚等国海外家庭服务人员也均在 100 万人以上，印度在海外就业的家庭服务人员至少有 160 万人，现在香港家庭服务从业人员超过 30 万人，外籍人员为 28.5 万人，这其中又以印度尼西亚和菲律宾的家庭服务人员为主。

总而言之，家庭服务是国际公认的正规职业，这就为广大有志于从事家庭服务工作的朋友提供了更加广阔的舞台，正如人们常说的“海阔凭鱼跃，天高任鸟飞”。我们衷心期待我国家庭服务从业人员能够走出国门，走向世界，成为世界家庭服务领域的“新星”。

思考题

1. 上海青浦区妇联于 2009 年开展了一次家庭服务业的调查，其中对 500 名家庭服务从业人员（含有从业意愿的）进行了问卷调查，表示会坚持从事的占 68%，会放弃的占 27.6%。调查结果表明，家庭服务人员面临各方面的压力：一是来自家庭的压力。家庭中来自于父母、配偶及子女的反对意见较高，这极大影响了有意愿从事家庭服务职业的被访者的决心。二是来自自身的压力。自己觉得做家庭服务丢脸的人不占少数，这种来自于自身的压力，大大影响了她们从事该行业的热情。三是来自社会的压力。一方面，家庭服务业作为从传统“保姆”发展起来的新行业，尚未得到全社会的普遍认同，从事家庭服务行业，仍受“伺候人”“低人一等”等旧观念的影响；另一方面，由于无法得到用人家庭应有的尊重，也使一些劳动者，特别是下岗职工感到自卑，不愿意去从事。

请你根据上述材料，想一想该如何减轻家庭服务从业人员面对的家庭压力、自身压力和社会压力，加强职业认同，坚定职业信心。

2. 收集我国现行《家政服务员》国家职业标准，对初级、中级、高级家政服务员的专业知识要求进行对比分析，然后填写表 3，并谈谈给你的启示。

表 3　初级、中级、高级家政服务员专业知识要求比较

工作职能	专业知识要求		
	初级家政服务员	中级家政服务员	高级家政服务员
家庭礼仪			
操持家务			
看护婴幼儿			
照料老人			
看护病人			
护理孕产妇			

2 第二章 做好求职准备 找到适合自己的服务岗位

第一节 了解就业行情

第二节 做好求职准备

第三节 掌握应聘技巧

第四节 注意求职诀窍

家庭服务行业覆盖面广，社会需求量大，就业门槛不高，非常适合普通劳动者。无论是进城务工的农民，还是下岗待业的职工，或者是刚出校门的毕业生，都可以在家庭服务行业里找到“饭碗”；不管是为个人谋生，还是要养家糊口，或者是想创业致富，都能够通过从事家庭服务职业来实现梦想。当然，天上不会掉下“金饭碗”，机会只属于那些有准备的人。有志从事家庭服务工作的朋友们，只有充分了解家庭服务行业的就业行情，认真、扎实地做好求职准备，掌握必要的应聘技巧，才能在家庭服务行业的广阔天地中寻找到适合自己的岗位。

第一节　了解就业行情

一、收集需求信息

信息是求职的基础，从某种意义上说，谁先获得了信息，谁就拥有主动权；谁获取的信息越多，求职视野就更宽一些，成功概率就更大一些。那么，对家庭服务求职人员来说，可以通过哪些途径来获得需求信息呢？

1．参加政府组织的劳务输出

参加政府组织的劳务输出，是当前农村富余劳动力进入城市就业的主要方法之一。它是由当地政府出资对外出的农民进行岗前培训，再由相关部门实行定点输出。有组织、有计划的劳务输出，减少了农村富余劳动力外出务工的盲目性，前期的职业培训为农民工提供必要的服务技能，统一组织外出保障了路途安全，保证了农民工在输入地得到快速妥善的安置。这种择业方法比较安全可靠，能够较好地保证务工人员的合法权益，很适合家庭服务求职人员。

2．到劳动力市场或职业介绍机构求职

一般来说，各地人力资源社会保障部门都设有正规的职业介绍中心，经常举办较大规模的招聘会，具体举办时间、地点会刊登在当地的人才市场报或相关媒体上，家庭服务求职人员可以购买当地的报纸来获取相关信息，或者直接到常设的劳动力市场参加应聘。这一类职业介绍中心有的是免费的，有的是收费的，但收费低廉且明码标价，可以放心在此求职。

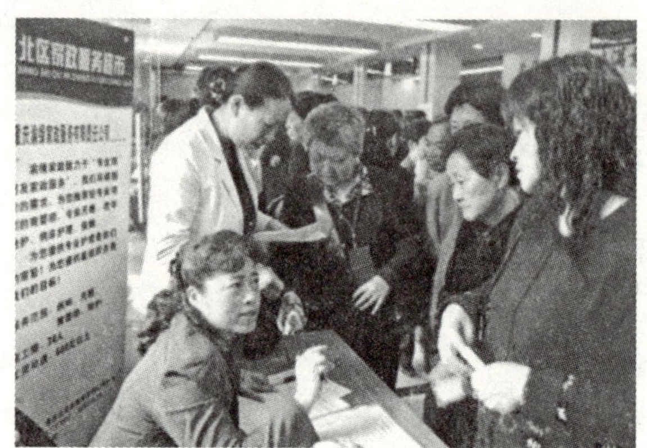

重庆江北区劳务市场成立家政服务超市，
为客户和家政服务员提供直接见面机会

除了政府部门举办的职业介绍中心，还有一些营利性的职业介绍机构，也就是平常所说的中介机构。到这类职业介绍机构找工作，求职者事先应对中介机构的资质进行了解，查看该机构有无行政主管部门颁发的相关证书，包括职业介绍许可证、工商营业执照、税务登记证等。按照规定，该机构应在经营场所的醒目位置悬挂营业执照，而且要公示收费标准、公布监督举报电话，求职者可以直接到该机构进行了解。如果到这类职业介绍机构找工作，只需要交纳一定的职业介绍费，同时必须索要职业介绍费的缴费发票或凭证。

3．通过媒体、网络获得招聘信息

随着信息技术的广泛运用，媒体、网络逐渐成为发布招聘和求职信息的重要渠道，具有一定文化水平和城市生活经验的家庭服务求职人员，可通过媒体、网络获得家庭服务的招聘信息，也可通过媒体、网络发布自己的求职信息。这种方法比较灵活随意，费用很低，但存在一定的安全风险，必须慎重对待、认真甄别。

相关链接

辨别媒体、网络上的招聘信息真假与否的方法

1．审读招聘信息的内容。一则真实、可靠的招聘信息至少要具备以下六个方面的内容：具体的招聘岗位名称，完整的招聘单位名称，准确的招聘单位地址，明确的招聘名额限制，翔实的招聘条件和要求，合乎情理的劳动报酬。

2. 查看招聘信息发布的渠道。一般来说，正规的新闻媒体以及政府部门、工会、妇联等群众团体举办的职业介绍机构官方网站所发布的招聘信息，具有较高的可信度。

3. 核对招聘信息发布者的身份。如果条件允许，求职者应尽可能通过多种途径去了解用人单位，对招聘信息中所列出的内容进行考察核实：一是可以到用人单位实地观察工作条件、工作环境；二是可以走访招聘单位的在职员工，以便了解工作情况和劳动报酬；三是直接到招聘单位，详细了解招聘的具体情况；四是通过网络查看该招聘单位有无不良记录。

4. 通过亲朋同乡介绍工作

这是目前家庭服务求职人员普遍采用的择业方法之一。这种方法简单、便捷、实用，因为亲戚、朋友、同乡之间经常来往，沟通没有障碍，相互之间又比较了解，值得信赖，往往介绍的工作也更适合自己，因而很受广大家庭服务求职人员的推崇。在有的城市社区里，一名家庭服务人员成功就业后，往往会产生明显的示范效应，带动一批亲朋同乡前来从事家庭服务工作。而家庭服务企业和社区客户往往也认为这样招来的家庭服务人员比较可靠，且便于管理。

由于这种方法属于个人行为，就业面较窄，而且有一定的不确定性，因此家庭服务求职人员必须正确使用，在找工作的过程中应注意两点：一是请亲朋同乡帮忙前，一定要如实介绍个人情况，把自己能干什么，想找什么样的工作和他们说清楚，便于对方有针对性地给予推荐，这样成功的概率会大一些；二是在亲朋同乡帮忙找到合适的岗位后，一定要按照有关规定，与招聘的家庭服务企业或者客户签订有效的合同或协议，这样才会有安全保障。

以上四种方式是获取需求信息常用的方式。目前，家庭服务行业就业形势总体不错，但发展不均衡，不同城市、不同工种，市场供求状况不尽相同。从地域来看，东部地区的就业机会明显多于中西部地区，大城市的就业机会明显多于中小城市，经济发达城市的就业机会明显多于经济欠发达城市。从工种来看，家庭服务市场上需求量较大的工种除了家政服务员之外，还有养老护理、病患陪护、母婴护理等，其中养老护理、病患陪护、母婴护理在部分城市已经成为最紧俏的职业。需要注意的是，在选择就业地点时，如果选择大城市，虽然就业机会多，但城市生活成本也相应增加，且到外地工作，远离自己的家庭，不能兼顾对家庭的照顾。而如果选择在离家近些的地方就业，就业机会虽然没有大城市多，但可以照顾自己的家庭，生活也方便。所以如何做选择，除了要根据自己的实际情况加以综合考虑外，还要对用工条件等做进一步的调查。

二、了解用工条件

1. 家庭服务岗位用人基本条件

（1）年龄

目前在大多数城市，对家庭服务从业人员的年龄要求是 18～55 岁之间，其中 25～45 岁的家庭服务人员很受客户欢迎。在家庭服务市场上，客户一般不会聘用未满 16 周岁、年满 16 周岁但未满 18 周岁以及 55 周岁以上三个年龄段的人。

提　示

家庭服务市场不会聘用的三个年龄段人群

1. 未满 16 周岁的属于“童工”，聘用童工是违法的。

2. 年满 16 周岁但未满 18 周岁属于“未成年工”，须有《未成年工登记证》才能上岗，并且法律规定对未成年工实行特殊劳动保护。

3. 55 周岁以上的人缺乏健康优势，身体容易出问题，一般不予聘用。

（2）文化水平

家庭服务岗位要求从业人员具备一定的文化素质，一般要求初中以上文化程度，而具有高中以上文化程度的家庭服务人员比较容易得到客户的青睐。同时，家庭服务岗位还要求从业人员能够使用普通话，并具有一定的学习能力和语言表达能力。

随着社会进步和家庭服务行业的发展，未来一个时期对家庭服务从业人员的文化水平要求还会逐步提高。家庭服务业高端领域的发展对从业人员提出了更高的学历要求。

相关链接

“川妹子”大学生进京做家政

“大学生是家政市场的未来。”四川川妹子家政服务公司董事长宋瑞这样说。该公司从2005年12月组织第一批四川大学生保姆进京以来，每年寒暑假该公司都会组织“川妹子”大学生进京做家政高端市场活动，受到了社会的广泛关注。

大学生作为高端家政人员，懂电脑、会英语，具有家庭营养学、教育学、护理学甚至金融、法律等专业知识，所以往往作为客户的私人秘书、客户孩子的家庭老师、家庭理财师等，而做清洁、煮饭这些工作，未来将更多属于低端家政人员所从事的范畴。

“川妹子”大学生进京做家政

（3）专业知识和技能

家庭服务是一项专业技术工作，从事家庭服务工作需要掌握相关知识和技能，主要包括：

第一，基本的家庭生活常识。了解城市家庭生活的基本要求，掌握一定的营养、卫生和安全知识。

第二，必要的专业技能。了解和掌握现代城市家庭生活所需要的各种操作技能，能够有效地采购商品和食品，掌握一定的膳食制作方法和电器使用技能，能够简单地护理婴幼儿、老人和病人。

（4）身体素质

从事家庭服务工作要求从业人员具有健康的身体和充沛的精力，同时家庭服务工作直接关系到客户的安全健康，要求从业人员必须保持身体健康。有精神病史者不能从事家庭服务工作，患有某些特殊疾病者也不适宜做家政服务员。

提　示

哪些疾病患者不能做家政服务员

1. 病毒性肝炎及肝炎病毒携带者。

2. 痢疾（包括阿米巴痢疾、细菌性痢疾）及带菌者。

3. 伤寒及带菌者。

4. 活动性肺结核。

5. 化脓性、渗出性皮肤病，如脓疱疮等；接触性传染皮肤病，如疥疮、手癣、肢癣、股癣、指甲癣、银屑病、鳞屑病、手部湿疹等。

6. 性病，如尖锐湿疣、淋病、梅毒、艾滋病等。

7. 其他有碍公共卫生的疾病，如重沙眼、急性出血性结膜炎、肛瘘等。

（5）心理素质

家庭服务是一个特殊的岗位，要求从业人员必须具备良好的心理素质和较强的心理承受能力，为人处世宽容大度，能够自我控制情绪，保持良好的心态。

（6）道德素质

家庭服务从业人员应具备良好的职业道德和社会公德，具有较强的服务意识，讲文明、懂礼貌，诚实守信，尊老爱幼，心地善良，富有爱心，自尊自爱，遵纪守法。

2．家庭服务行业主要工种的特殊要求

在家庭服务市场上，不同的工种由于工作职责和工作要求不一样，所以对从业人员的素质要求也不同。由于本书侧重介绍家庭服务领域，所以除了家庭服务岗位的基本条件之外，重点分析家政服务员、养老护理、病患陪护、母婴护理等岗位对求职者提出的特殊要求。

（1）家政服务员岗位的特殊要求

作为家政服务员，应当有较好的综合素质和一定的工作适应能力，尤其是在操持家务方面应有一定的专业技能和工作经验，能够合理安排客户家庭的日常生活。

（2）养老护理岗位的特殊要求

要做好养老护理，应当懂得基本的老年护理知识，对老人的心理特点和生活规律有一定的了解，有较好的身体素质和工作责任心，能够照料老人的生活起居。

（3）病患陪护岗位的特殊要求

要做好病患陪护，应当具备一定的医疗护理知识和技能，有良好的卫生习惯和身体素质，工作责任心强，能够照料病人的生活起居。

（4）母婴护理岗位的特殊要求

要做好母婴护理，从工作方便角度来说，最好是有生育经验的成年女性，懂得孕产妇和婴幼儿护理常识，性格开朗，有爱心，有良好的卫生习惯和身体素质，工作责任心强，能够照料孕产妇和婴幼儿的生活起居。

案例与点评

北京华夏中青家政服务有限公司招聘家政服务员的条件

1．年满18周岁以上，具有完全民事行为能力的中国公民。

2．已完成国家九年义务教育（或受过同等教育），具有初中毕业以上学历。

3．智力正常，有一定的学习能力和普通话语言表达能力，有一定的家务劳动技能和良好的卫生习惯。

4. 五官端正，身高在1.5米以上，身体健康，无传染病、精神病、慢性病，经体检合格者。

5. 品德良好，勤劳善良，有一定的服务意识和工作责任心。

6. 对本人父母、配偶或家中老人不同意者，或孩子无人照顾者，对身怀有孕者，对受过刑事处罚、品行不端正、在本地声誉不好或负案被通缉者，不予招收。

【点评】北京华夏中青家政服务有限公司的招聘条件具有很强的代表性，集中反映了目前家庭服务行业对求职人员的基本要求。从它的招聘条件中可以看出，目前家庭服务岗位的门槛并不高，比较符合普通劳动者的实际情况。对于普通求职人员来说，只要有初中及以上文化程度，品德良好，身体健康，能吃苦耐劳，都有机会在家庭服务行业中找到就业岗位。

以上是家庭服务岗位用人的基本条件。求职时，求职者要着重了解目标求职岗位的具体用人条件。也就是说，家庭服务人员服务的是某个家庭的某个具体用工岗位，要根据该岗位的具体要求，结合自身条件，最终作出工作适合与否的正确判断。

三、了解用工形式

随着家庭服务需求的多样化，家庭服务岗位的用工形式呈现出多样化的趋势。

1．按照工作地点，可以划分为住家型和非住家型

（1）住家型家庭服务：家庭服务人员在客户家里进行工作，同时必须居住在客户家里。

（2）非住家型家庭服务：家庭服务人员在客户家里进行工作，无须居住在客户家里。

2．按照工作时间，可以划分为全日制和钟点工

（1）全日制家庭服务：家庭服务人员在每天正常工作时间内只为一个客户家庭提供服务，服务时间比较固定，按天计算。

（2）钟点工家庭服务：家庭服务人员在每天正常工作时间内可以为一个以上客户家庭提供服务，服务时间长短不一，按小时计算。

3．按照劳务关系，可以划分为员工制和非员工制

（1）员工制家庭服务：家庭服务人员与家政服务公司签订劳动合同，以公司员工身份进入客户家庭，提供相应的服务。

（2）非员工制家庭服务：家庭服务人员通过劳动力市场或职业介绍机构推荐以及直接受客户聘用的方式，以个人身份进入客户家庭，提供相应的服务。

员工制家庭服务与非员工制家庭服务相比，有三个方面的优势：

第一，家庭服务人员与家政服务公司签订劳动合同，由家政服务公司按月支付工资，不再是到一家干活拿一家的钱。同时，家庭服务人员将由家政服务公司统一缴纳养老、医疗等社会保险。

第二，采用员工制时，家庭服务人员的客户直接与家政服务公司签订协议，如果出现劳务纠纷，由家政服务公司出面解决。

第三，员工制家政服务公司将统筹安排劳动力，平均调配人员，避免出现季节性的“用工荒”。

相关链接

北京出台“家七条”鼓励家政服务实行员工制

2011 年 5 月，北京市发布了鼓励发展家政服务业的扶持优惠政策，具体包括七个方面，简称“家七条”。其中，最值得关注的是明确鼓励家政服务企业实行员工制管理。根据“家七条”的规定，员工制家政服务企业的家政服务员可以直接享受以下政策优惠：

1．家政服务员在劳动合同期限内，可享受与城镇职工同等标准的养老、医疗、失业保险，对于企业缴纳的这三项社保费，政府补贴一半。

2．城镇就业困难人员以灵活就业方式从事家政服务的，可按有关规定享受社会保险补贴。高校毕业生在家政服务企业从事家政服务的，在报考公务员、应聘事业单位工作岗位时可按有关规定视同基层工作经历。

3．家政服务企业支付给家政服务员的工资不得低于本市最低工资标准。员工制家政服务员可以实行不定时工作制，家政服务企业及家庭应当保障其休息权利，具体休息或者补偿办法可结合实际协商确定。

以上各种用工形式各有特点、各有利弊，到底选择哪一种用工形式，家庭服务求职人员应综合加以考虑，根据自己的实际情况作出合理的选择。

案例与点评

济南阳光大姐服务有限责任公司率先在家庭服务行业中实施企业化管理，推行员工制模式，建立了“三不六统一”制度。三不，即不培训不上岗、不查体不进家、不签合同不派工；六统一，即统一岗位培训、统一医院查体、统一收费标准、统一持证上岗、统一服务标志、统一定期回访。这一管理模式深受员工的欢迎。

【点评】 员工制是家庭服务行业发展的一大趋势。实行员工制管理模式，有利于规范家庭服务人员、家政服务公司、客户三者之间形成的劳务关系，有利于提升家政服务公司的管理水平、规范整个市场，同时也是解决“用工荒”的最有效手段。

四、了解工资水平

目前家庭服务从业人员的工资普遍高于当地最低工资标准，并呈不断上涨的趋势，但是不同城市、不同工种、不同级别的从业人员的工资水平存在较大的差异，甚至同一个城市中的不同地域、不同季节、不同家政服务公司的工资水平也会有较大的差异。通常，大城市、紧缺工种、高级别的从业人员的工资水平比中小城市、普通工种、低级别的从业人员的工资水平要高。面对这种情况，家庭服务求职人员首先要了解当地本行业各类工种的正常工资标准。一般来说，家庭服务求职人员可以通过两种途径来了解本行业各类工种的具体工资水平：一是当地人力资源社会保障部门发布的劳动力市场工资指导价位，每年发布一次，这一信息来自于政府主管部门，具有权威性，也比较全面；二是当地家庭服务业协会提供的家政行业不同工种的工资指导价位，不定期发布，这一信息来自于本行业协会组织，具有较强的针对性。家庭服务求职人员以此为依据，并结合具体工作内容，可以初步判断出工资水平的合理性。

第二节　做好求职准备

在充分了解家庭服务岗位就业行情后，家庭服务求职人员需要扪心自问：我是否确定好求职目标？我是否具备良好的择业心理？我是否具备职业岗位要求的知识技能？我是否办理好求职需要的证件？如果没有，那么家庭服务求职人员则要做好求职准备。

一、明确求职目标

随着家庭服务行业的发展，家庭服务工作越来越细分，工种也越来越多，并且不断产生新的工种，各类工种对从业人员的素质要求也越来越专门化。面对众多的岗位，不能只看待遇报酬、工作环境和工作条件。对于家庭服务求职人员来说，工作没有好坏之分、贵贱之别，关键要看是否适合自己。

首先，要对自己进行全面的衡量和客观的评价。从目前家庭服务岗位的任职条件来看，涉及年龄、性别、学历、身体素质、心理素质、专业技能、从业经验等多个方面，家政服务员、养老护理、病患陪护、母婴护理等岗位对这些方面的具体要求不尽相同，那么，家庭服务求职人员应该从这些方面对自己作出客观的评价，既要充分认识自己的优势，又要充分认识自己的劣势，要做到实事求是。对自身优势既不夸大也不缩小，充分发掘自身优势，积极为自己的求职择业创造条件；同时，客观面对并承认自身劣势，主动反省自己，从中找出导致自身劣势的原因，克服因劣势而产生的自卑感或消极情绪，并积极弥补自身劣势。

案例与点评

45岁的田先生是无锡市一家企业的下岗工人，前几年离异了，孤身一人，一直靠打零工维持生活，最近来到市妇联家庭服务社想找一份家政工作，而且“最好能找到陪护老年男性病人的活”。田先生觉得，做家政工作尽管苦点，但收入较为稳定。之所以想找一份陪护老年男性病人的工作，是因为他之前照顾过生病的父亲，很有经验。在工作人员的联系下，田先生很快找到一户合适的家庭。

【点评】田先生的经历表明，客观的自我评价是顺利求职择业的前提条件。田先生基于对自身情况的全面衡量和正确考虑，想到了自己曾经照顾过生病的父亲，具有一定的病患陪护经验，而且自己年富力强，又没有家庭拖累，因而在陪护老年男性病人方面具有一定的优势。事实证明，他的考虑是正确的，为自己顺利求职择业创造了有利条件。

其次，要从实际出发，合理确定自己的从业方向。在家庭服务行业中，家政服务员、养老护理、病患陪护、母婴护理等主要工种各有特点，在职责要求、劳动强度、服务对象、工资待遇等多个方面都有一定的差别，在符合基本从业要求的前提下，究竟把哪一个工种作为求职首选呢？这需要家庭服务求职人员充分考虑自身条件、兴趣爱好、期望追求等综合因素，一定要做到实事求是、量力而行。对于客户提出的岗位要求，要依据自己的能力、个性及喜好来判断是否能够胜任工作。如果把握不准，可与家庭服务机构工作人员或家人、亲戚、朋友多商量，听取他们的合理意见，从而作出理性的选择。

案例与点评

据2007年2月5日《北京晨报》报道，为期一周的第二期首都大学生高级家政助理培训班学员共有25人，分别来自十多所首都高校，其中不乏全国名牌大学的优秀学生，包括2名来自北京航空航天大学和北京中医药大学的硕士生，其中20名学生的学历是本科。但令人吃惊的是，这25名“大学生保姆”在就业双选会上吃了“闭门羹”：仅有3位客户前来挑选“大学生保姆”，而且因为工作时间冲突等原因，最后连一名大学生都没有被挑上。据介绍，要价高、爱挑活、心气高是这批大学生高级家政助理培训班学员遇冷的原因。

【点评】这批大学生高级家政助理培训班学员的经历表明，光有高学历并不一定能找到合适的家庭服务岗位，职业定位不合理、不正确是求职择业的“大忌”。本来高学历是他们的一大优势，如何把这一优势变成求职择业的“敲门砖”，这需要大学生们放低姿态，从实际出发，主动顺应广大客户的需求，找到一个合理的平衡点，与客户进行有效的沟通，从而把自己“推销”出去。

二、调整择业心理

1．找工作要自觉克服不正确的择业心理

很多时候，有的人在家庭服务市场上找不到工作，并不是因为没有机会，而是自己的择业心理出现了问题。下面介绍的几种不正确的择业心理，家庭服务求职人员应自觉加以克服。

（1）好高骛远

面对家庭服务市场不断涌现出来的“高薪岗位”，有些家庭服务求职人员产生了不切实际的想法，希望能遇上一个“优质”客户，让自己干轻松活、住豪华房、拿高薪水。其实，这样的机会是很少的，即便有，也不是一般求职者能够抓得住的。好高骛远，只会让自己失去更多成功就业的机会，同时也会让自己更加郁闷。

家政服务员声称“要去就去富豪人家，最差也要住跃层”，
好高骛远是求职“大忌”

（2）盲目攀比

有的人在家庭服务市场上求职时，喜欢拿老乡或熟人作为参照对象，比工资待遇、比工作轻松、比工作环境，总想着不能比其他从事家庭服务工作的姐妹们差，因此往往是“这山望着那山高”。其实，这种相互攀比的心理是错误的，因为家庭服务求职人员自身情况不同，而客

户情况同样存在差异，盲目攀比只会误人误己。

（3）挑肥拣瘦

面对家庭服务市场供不应求的状况，有些求职者不切实际地挑肥拣瘦，想要收入高，但又怕工作累；想干轻松活，收入却又低，把自己置于两难的境地，无所适从。其实，工作报酬的高低与工作的难易程度、复杂程度、劳动强度是密切相关的。家庭服务工作本身就是一项服务性较强的工作，具有吃苦耐劳精神是做好这项工作的起码条件。

案例与点评

刘女士下岗后经济条件不是很好。2011 年 5 月，她在市妇联家政服务中心接受了培训。培训合格后，中心开始为刘女士推荐客户。在择业要求上刘女士一开始就表示，晚上要为孩子做饭，不能回家太晚，因此只愿做白天的活。为了让她就近就业，好照顾家庭，中心给她推荐了一个她家附近的客户，但她又担心自己被别人认出来，怕伤面子，不愿去做。后来，她又嫌孩子、老人不好照顾，只愿为无父母、无子女的富裕家庭服务。中心先后给她推荐了好几个客户，但最终都没有达成协议。后来，经过家政服务中心工作人员多次耐心劝导，刘女士终于改变了自己的想法，对自己的择业要求作出了合理的调整。没过多久，她就被推荐给一个急需聘请养老护理的客户，主要工作是照顾一对 70 多岁的老年夫妇，月薪 2 000 元。经过与客户的协商，最后达成协议，刘女士愉快地走上了工作岗位。

【点评】刘女士的经历表明，家庭服务求职人员能否择业成功，在很大程度上取决于自己的心态，心态平和，则机会多多。挑肥拣瘦者，很难在家庭服务行业找到称心如意的工作，也不可能有长远的发展，家庭服务岗位更垂青于那些能正确看待自己、有积极健康心态的求职者。

2．积极做好面对各种情况的心理准备

（1）要有吃苦受累的心理准备

求职前，求职者在向往美好城市生活的同时，还要想到可能会遇到各种各样的艰难困苦，比如合适的工作难找、找到的工作待遇不满意、工作环境不好、生活环境不舒适、客户要求高等。因此，要做好吃苦耐劳、承受艰难生活磨炼的准备。

（2）要有虚心学习的心理准备

城市生活日新月异，在家庭服务行业里，客户的需求和标准不断提高，需要家庭服务从业人员不断学习新的文化知识和工作本领；同时，城市家庭的文明礼仪、生活方式、交往习惯有所不同，需要家庭服务从业人员不断去了解和适应。因此，家庭服务求职人员在求职前应做好活到老学到老的心理准备，虚心向所有人学习，才能融入新环境、适应新岗位。

（3）要有战胜各种困难的心理准备

走出自己的家乡和家庭，求职者来到陌生的城市和家庭，会遇到各种困难，有的在意料之中，但也有意想不到的困难。其实困难并不可怕，重要的是要学会正确面对，要有一股不服输的韧劲，同时更要动脑筋想办法。只要坚持下去，就没有过不去的坎。

三、参加职业培训

1．家政职业培训好处多

（1）参加职业培训是家庭服务求职人员提高自身素质的有效方法

随着社会的发展，家庭服务岗位的要求不断提高，参加家政职业培训，可以掌握规范化、系统化的家庭服务专业知识和技能，从根本上提高自身的综合素质。家庭服务求职人员如果能够掌握一技之长，就会在家庭服务行业中获得更多的就业机会和较高的工资待遇。

（2）参加职业培训有助于家庭服务求职人员获得从业资格证书

目前在家庭服务市场上，有相当一部分求职者没有经过专门培训，未持有从业资格证书，他们一般很难进入正规的家庭服务企业并找到比较满意的岗位，同时在工作待遇上也无法与那些持证上岗的家政服务员媲美。而参加家政职业培训，并通过职业资格考试，求职者就可以获得相应的从业资格证书，使自己由家庭服务行业的“游击队”晋升到“正规军”。

（3）参加职业培训能够为家庭服务求职人员进一步拓宽就业门路

目前我国的家庭服务市场处于“卖方市场”，劳动力供不应求，因此，绝大部分家政培训机构都能提供职业培训和就业推荐的“一条龙”服务。对于家庭服务求职人员来说，参加职业培训就等于是找到了就业门路。同时，在职业培训中可以接触到大量的人脉资源，收集到很多有用的就业信息，这些对求职者的就业是很有帮助的。

案例与点评

张女士于2008年从江西来到上海后，一直从事家政服务工作。刚开始的那两年，因为文化程度不高，加之缺乏专业技术，只能做普通家政服务员，每个月只有1 200元左右的工资。看到身边优秀家政服务员收入很高，被客户争相雇用，自己相形见绌，为此她没少烦恼过。后来，在一位家政培训师的帮助下，张女士参加了上海一家家政培训中心的母婴护理培训，掌握了月嫂技能，获得结业证书后即被一家大型家政服务公司录用。这一年来，她先后被派往三个家庭从事母婴护理，工作得心应手，受到客户的好评，现在平均工资涨到了3 800元/月，成为人人羡慕的“幸福月嫂”。她自豪地对姐妹们说：“是家政培训改变了我的命运，给我带来了幸福的生活。”

【点评】 张女士的经历表明，家政职业培训具有提升内涵、改变人生等多重效果，不仅把一个普通家政服务员转变成为具有专业技能的母婴护理员，而且使她的工资在短短一年内翻了两番，更重要的是让她从此找到了自己的职业自信和生活动力。正如张女士所说的那样，一次家政培训，改变了个人命运，带来了幸福的生活。这样的培训，多么有意义，多么有收获。

2．家政职业培训有福音

过去，很多家庭服务求职人员之所以不愿意参加职业培训，一个重要的原因就是学费负担重，就算是最普通的家政职业培训，学费加上食宿费、交通费等，至少花费一两千元以上。如果是专业性较强的培训，费用就更高，家庭服务求职人员普遍难以承受。

2010年，国务院办公厅发布了《关于加快发展家庭服务业的指导意见》，提出了一系列很好的培训政策。规定要把家庭服务从业人员作为职业技能培训工作的重点，落实培训计划和农民工培训补贴等各项政策，按照同一地区、同一工种给予同一补贴的原则，统一培训补贴基本标准，同时还将实施家政服务员、养老护理员和病患陪护员等家庭服务从业人员定向培训工程，对家政服务、养老服务和病患陪护服务等机构招聘从业人员进行培训的，按规定给予培训补贴。这一政策已经在全国各地逐步得到落实，必将帮助广大家庭服务求职人员有效解决“参加培训难”的问题。

3．家政职业培训门路广

（1）参加人力资源社会保障部门或妇联、工会举办的培训班

这些培训班一般是由政府有关部门主办的，具有良好的信誉。培训内容和就业去向一般具有针对性，培训结束后，可以在有关机构的指导下定向就业。

（2）参加家庭服务行业协会或家政服务公司举办的培训班

各地家庭服务行业协会和一些规模较大、具有一定品牌效应的家政服务公司通常会根据各自的实际情况，定期举办专门的家庭服务技能培训。这种培训具有鲜明的行业特点，一般都是与家庭服务岗位进行有效对接，培训和上岗是连在一起的。

（3）参加中等、高等职业院校和社会培训机构举办的培训班

中等、高等职业院校和社会培训机构根据市场需求，有针对性地开展家庭服务职业技能培训，同时进行职业技能鉴定。这些学校和培训机构具备比较完善的办学设施、较强的师资力量，可以帮助家庭服务求职人员在短时间内掌握一技之长。

四、办理相关证件

家庭服务求职人员要根据所在城市的求职要求，将必要证件、材料准备齐全。要弄清需要携带什么证件，如何进行办理。

1. 居民身份证。家庭服务求职人员一定要随身携带居民身份证。申领、换领和补领居民身份证，申请临时身份证，一般都要到常住户口所在地的派出所办理。

2. 流动人口婚育证明。18～49 岁的育龄妇女还必须在当地村委会或社区办理流动人口婚育证明。

3. 外出人员就业登记卡。如果家庭服务求职人员是外出就业，需携带本人身份证和其他必要的外出证明，在本人户口所在地的劳动就业服务机构进行外出就业登记，领取外出人员就业登记卡。

4. 毕业证书或学历证明。如果家庭服务求职人员具有初中以上文化水平，应携带自己的毕业证书以及其他能够证明自己学习经历的材料。

5. 已有的职业资格证书和技能等级证书。如果家庭服务求职人员曾经参加过正规的职业培训和技能鉴定，应携带已有的相关证件。这些证书将有助于增强求职者的就业竞争力并获得更高报酬。

6. 健康证明。家庭服务求职人员应到县级以上医院进行身体检查，检查的项目包括肝功能、胸透、皮肤检查、妇科检查等，确保无传染性疾病。求职时带好相关检查结果证明材料。

取得职业资格证书和技能等级证书有助于成功就业

提示：居民身份证是证明个人身份的凭证，是具有法律效力的重要文件，不得借用他人身份证，也不得把自己的身份证借用、租用给他人。否则，别人使用自己的身份证干了违法的事情，将可能使自己陷入不必要的法律纠纷中，甚至承担不利的法律后果。

第三节　掌握应聘技巧

一、善于推荐自己

找工作就是自我推销，只有很好地推销自己，让客户了解自己，才能争取到更多的录用机会。对于家庭服务求职人员来说，自我推荐是一种非常重要且必须掌握的应聘技巧。那么，求职时如何推荐自己呢？

1. 制作个人简历，列出与应聘有关的个人信息资料，包括免冠半身照片、姓名、性别、年龄、籍贯、健康状况、政治面貌、文化程度、工作经历、联系地址和电话、专业特长、参加过的培训项目和时间、已获得的职业资格证书以及掌握的其他技能。在罗列这些信息资料时，要尽可能突出自己的亮点，证明自己能够胜任家庭服务具体岗位。

2. 填写求职登记表。家庭服务求职人员只要是通过正规的职业介绍所或家政服务公司找工作，都要首先填写求职登记表。在登记表中应如实列出个人信息，同时要明确自己的求职意向和相关要求。

相关链接

家政服务员求职登记表

年　月　日　　　　　　　　　　编号：

<table>
<tr><td>姓名</td><td></td><td>出生年月</td><td></td><td>年龄（周岁）</td><td></td></tr>
<tr><td>身高</td><td></td><td>婚否</td><td></td><td>体检结果</td><td></td></tr>
<tr><td>原工作单位</td><td colspan="2"></td><td>联系电话</td><td colspan="2"></td></tr>
<tr><td>曾何时何地
受何种培训</td><td colspan="2"></td><td>有无经验
详细说明</td><td colspan="2"></td></tr>
<tr><td>持有证件</td><td colspan="2">1. 身份证　2. 户口簿
3. 介绍信</td><td>证件号码</td><td colspan="2"></td></tr>
<tr><td>现详细住址</td><td colspan="5">省　　市（县）　区（乡、镇）　街道（村）</td></tr>
<tr><td>配偶姓名</td><td colspan="2"></td><td>工作单位</td><td colspan="2"></td></tr>
<tr><td>选择何种
服务形式</td><td colspan="5">1. 包吃住　2. 日工　3. 钟点工</td></tr>
<tr><td>选择何种
服务项目</td><td colspan="5">1. 做家务　2. 看小孩　3. 陪护老人　4. 照顾病人
5. 月嫂　6. 护工　7. 保洁　8. 其他</td></tr>
</table>

二、从容应对面试

面试是家庭服务求职人员择业的必备形式，面试一般有两种方式：一是由中介机构向客户推荐的方式，首先由中介机构向客户介绍家庭服务求职人员的基本情况，如客户有意，则由中介机构负责安排见面；二是在中介机构提供的场地内，客户和家庭服务求职人员在不需要中介机构牵线的情况下直接面谈。面试是择业能否成功的重要步骤，因此，家庭服务求职人员必须高度重视面试的过程。

1．留下良好印象

面试时能否给客户留下良好印象直接关系到能否就业，因此，在面试过程中给客户留下良好的第一印象是非常重要的。第一印象包括精神状态和整体形象。家庭服务求职人员在面试时应精神饱满，干净利落，服装服饰美观大方。总之，要给人留下自信、整洁、朴实大方的好印象。

2．面试要讲礼貌

当客户到来时，家庭服务求职人员应当主动站立以示迎接，并主动问候，如有座位可请客户坐下交谈。不容许出现家庭服务求职人员坐在椅子上，而客户站立与之交谈的不礼貌做法。双方见面之后，求职者可以等待客户询问，也可主动做自我介绍。自我介绍要简短清晰，重点介绍自己的年龄、文化程度、从事家庭服务的工作经历、家庭情况、工作意向和工资要求。内容简单明了，3～5 分钟即可。

3．倾听客户询问

面试是互相了解的过程。面试时求职者应当面向客户端正坐立，目光平视对方，但不要死死地盯住对方，也不要目光游离不定、四处环顾。求职者要认真倾听客户的询问并及时应答客户的问题。洽谈时要善于捕捉信息，要从客户的问话中了解客户的真实意图，了解服务的难易程度，了解客户的支付能力等。

4．询问要抓关键

求职者询问客户要抓住关键内容，重点问清客户家庭人口数量、居住面积、服务内容、服务要求、工作环境、居住条件、工资待遇等。例如照顾患病的老人，要问明老人的年龄、性别、患有什么疾病、半自理还是卧床不起等。

此外，面试时求职者要少说多听，讲话时应注意语调、语气，要有亲和力，声音不宜太高，以对方能听清为宜。说话时不要手舞足蹈，要给人以稳重的感觉。

提　示

客户面试家庭服务求职人员时会采取哪些技巧？

1. 看外貌。客户一般都希望聘请到一名大方、健康的家政服务员，所以在面试时会不露声色地观察家庭服务求职人员的手、指甲、头发等，从这些细节中可以看出该家庭服务求职人员有无良好的卫生习惯。

2. 看言谈。有的家庭服务求职人员一上来就谈前任客户给多高的工资；有的进屋不打招呼；有的谈话时左顾右盼；有的一口乡音，不会说普通话；有的声称什么都会做，但问及具体操作时却吞吞吐吐……这些人一般都会被客户拒绝。

3. 提问题。涉及家庭服务求职人员的家庭情况、工作经历、学历等，重点考察其人际关系、工作经验、有无常识以及学习、适应能力等。

4. 观察实际操作。通过仔细观察家庭服务求职人员烧菜或保洁工作的一些细节，就可以看出该家庭服务求职人员是否擅长干活。诸如烧菜后是否将厨房收拾得一干二净，烧出来的菜口味如何，保洁时是否注意到一些卫生死角等，这些都是客户考评家庭服务求职人员的关键。

了解客户面试家庭服务求职人员的种种技巧，对于求职者端正自身言行，有则改之、无则加勉，成功通过面试很有帮助。

三、注重把握细节

家庭服务求职人员在应聘过程中要注意把握细节，包括仪容仪表、着装打扮、个人卫生等方面。

1. 仪容仪表要端庄

家庭服务求职人员应随时随地注意自己的形象，争取在面试时给客户留下良好的第一印象。首先，面部要保持清洁，可适当化妆，并以淡妆为宜，避免浓妆艳抹，不要使用气味浓烈的化妆品；其次，头发要保持清洁，梳理整齐，发型应朴素大方，不要有异味。另外，饰物不宜过多。

2. 着装要得体大方

家庭服务行业没有统一的着装标准，家庭服务求职人员可根据自己的年龄、职业特点，选择适合自己的服装服饰。一般来说，家庭服务求职人员的着装应朴素大方、整洁合体、实用方便；颜色不宜过分艳丽，款式不宜太短、太露、太低、太紧，质地不宜太薄、太透。除凉鞋外，穿鞋要穿袜子，穿皮鞋要擦干净。

3. 个人卫生要注意

家庭服务求职人员尤其要注意个人卫生，做到勤洗澡、勤换衣袜、勤漱口，身上无异味，指甲要经常修剪，不留长指甲，不涂有色指甲油。如果有条件的话，面试前应洗澡换衣，搞好个人卫生。面试前不要饮酒，忌吃大蒜、韭菜等有刺激性气味的食物。

第四节　注意求职诀窍

一、防止上当受骗

1. 防范家政“黑中介”

家庭服务求职人员一定要到正规的职业介绍机构找工作，要注意提防家政“黑中介”。

家政“黑中介”采用的骗人手法主要有：

（1）暗设高门槛，逼退求职者

一些家政“黑中介”先将岗位待遇吹得天花乱坠，待求职者交纳报名费后，又告知其要交纳数额更大的其他费用才能上班，令求职者无力承受，白白损失了报名费。

（2）伙同小医院搞体检，骗取体检费

一些家政“黑中介”往往跟小医院甚至街边游医串通，待求职者交纳上百元的体检费后，得到的体检结果却是“不合格”，从而骗取体检费。

（3）收取抵押钱物，使求职者进退两难

一些家政“黑中介”要求求职者先以身份证、毕业证等作为抵押，或收取培训保证金等种种名目的押金，然后进一步榨取求职者的钱财，求职者不从则会遭到扣证、扣钱等威胁，使其进退两难。

（4）调虎离山，逃避责任

求职者在交纳介绍费后被告知上班的地点，但事实上那个地方根本不存在。当求职者无功而返时，却发现“黑中介”早已人去楼空。

（5）采取恐吓手段迫使求职者就范

这类“黑中介”经常雇用彪形大汉围守门前，受骗者只要上门说理，必定遭到威胁和恐吓。求职者上当受骗，只能自认倒霉。

要辨别家政中介的真假，有以下四个方面的标准：

一看有无明确的家庭服务推荐项目；

二看有无专门的办公场所和工作人员；

三看有无职业介绍许可证和营业执照；

四看收费项目和标准是否符合规定，收费后是否开具正规发票。

2．识别家庭服务市场上的常见诈骗手段

近年来，家庭服务市场鱼目混珠，诈骗手段花样百出，家庭服务求职人员应学会识别以下几种常见的诈骗手段：

（1）联手诈骗

有的不法分子与皮包公司、骗子公司联手，以推荐工作为名收取报名费、介绍费、存档费、服务费、押金等各种费用。两家或多家公司源源不断地推荐求职者，他们或相互勾结，或实为同一老板。

（2）引诱诈骗

有的不法分子把诈骗当做一门生意来经营，招聘时口头承诺何时上班、月薪多少，引诱求职者上当，但根本不可能兑现。

（3）游击诈骗

有的不法分子在车站、码头或外来务工人员流动量大的地段，租用酒店、招待所或写字楼，采取“打一枪换一个地方”的方式，对求职者实施诈骗活动，其惯用的手法是用花言巧语把人骗进来，在骗取钱财之后，采取恶言恶语甚至暴力手段把人轰出去。

（4）假证诈骗

有的不法分子用过期失效或者伪造的营业执照、许可证来骗取求职者的信任。

（5）培训诈骗

有的不法分子以安排工作为名收取培训费，而后诈骗者或携款潜逃，或解雇求职者而不给其安排工作。

招聘中的陷阱

3．求职过程中的注意事项

面对求职过程中可能遇到的陷阱，求职者要多长一个心眼，掌握好应对的方法。

（1）拒交不合理的费用。任何招聘单位以任何名义向求职者收取押金、服装费、风险金、报名费、培训费等收费行为，都属于违法行为。

（2）不轻信许诺到外地上岗。对外地家政服务企业或客户的高薪招聘，不论其待遇多好，求职者千万要保持清醒头脑和高度警惕，不要轻信其口头许诺，而应该到劳动保障部门进行咨询，办理相关手续，否则会吃大亏，被骗工、骗钱，甚至被人贩子拐卖，悔之晚矣。

（3）不要将重要证件作抵押。不要将自己的身份证、毕业证等重要证件作抵押。因为根据相关规定，任何单位都不能扣押证件。

（4）通过多种途径了解家政服务公司或客户的背景。在求职者正式进入家政服务公司或客户家庭之前，要想方设法加强对该公司或客户的了解，以免误入骗子设下的陷阱。比如，上网查找该招聘单位的相关资料，到客户所在社区或单位了解客户的情况。

案例与点评

不久前，赵某来城里从事家政服务工作。为了省去到正规家政服务公司必须交纳的100元管理费，赵某来到路边的自发劳务市场，遇到了自称是某家政服务公司经理的马某。马某称能给赵某安排家政服务工作，月收入最少能达到1 500元，并称可以直接将她送到客户家中。

禁不住马某的花言巧语和高工资的诱惑，赵某同意随其一同前往。在去客户家的路上，马某主动给赵某买了一罐八宝粥。赵某万万没有想到，自己喝完后就失去了知觉。当她醒来时才发现，自己已经“人财两失”。可悲的是，赵某连那个“马经理”的全名都不知道，这让她追悔莫及。

【点评】 赵某的经历表明，现在家庭服务市场还不太规范，难免有一些骗局和陷阱。对于家庭服务求职人员来说，一定要多长个心眼，加强自我保护意识，最好是通过正规渠道找工作，这样才会有安全保障。如果到零工市场找工作，切忌贪图小利，轻信于人，否则容易上当受骗。

二、正确选择客户

客户与家庭服务人员之间是一种极为特殊的合作关系，其合作难度远远超出其他服务行业。客户与家庭服务人员之间有着身份、家庭、文化背景、受教育程度等的不同，在脾气、秉性上都存在着巨大差异。因此，家庭服务求职人员在选择客户时要特别注意这些细节，掌握一些有效的方法。

1. 依据服务项目来选择客户。首先看客户要求的服务工作自己能否承担，是否擅长，是否喜欢。选择客户就是对服务工作内容的选择，选择工作一定要扬长避短。

2. 依据工资数额的多少来选择客户。要看客户提出的工资待遇与自己的预期值是否相符。家庭服务求职人员外出务工，非常注重工资报酬的多少，但是要为自己做好合理的工资定位。

3. 依据服务条件来选择客户。要综合考虑客户家庭人口数量、家庭成员的构成、家庭居住条件、居室建筑面积、家庭生活要求等相关情况。判断将要承担的工作量、将要面对的服务对象以及面临的人际关系。

4. 依据脾气、秉性来选择客户。洽谈时要注意观察客户的言谈举止，留心每一个细节。在与客户洽谈的过程中，可以或多或少地看出客户的一些脾气、秉性，要选择出最适合与己相处的客户。

三、合理协商待遇

家庭服务求职人员在应聘过程中要积极主动地与客户进行沟通，合理协商工资待遇问题，要根据当地家庭服务行业工资指导价位，结合个人的职业资格等级和技能水平，充分考虑具体岗位的工作时间、劳动强度、服务对象、服务条件，通过双方协商来合理确定工资待遇。

确定工资待遇时要注意以下几个问题：

1. 依据服务内容的多少来确定工资待遇。服务内容多、服务难度高、服务责任大的，工资待遇可适当提高。

2. 依据劳动强度、工时长短来确定工资待遇。客户家庭人数多、住房面积大、服务时间长，例如长期陪护病人，服务时间相对较长的，工资待遇可适当提高。

3. 依据个人能力来确定工资待遇。家庭服务人员学历高、具有熟练的家庭服务技能、丰富的家庭服务经验、良好的服务心态和较强的沟通能力，工资待遇可适当提高。

4. 依据需求与特长来确定工资待遇。家庭服务人员应聘当地紧缺的、有较高专业技术要求的家庭服务岗位，或者家庭服务人员曾经接受过专业培训，取得过国家有关部门颁发的职业资格证书，例如育婴师、高级家政服务员资格证书等，其工资待遇可适当提高。

四、牢记签订合同

家庭服务求职人员在应聘过程中，不管通过哪一种途径，面对什么样的客户，一定要签订劳务合同。如果是进入家政服务公司成为一名员工，则要与家政服务公司签订劳动合同；如果是通过中介进入客户家庭从事服务，则要直接与客户签订服务合同。

签订合同，是市场经济条件下建立劳动关系的法律形式。有不少家庭服务从业人员对于“签合同”这件事存在心理障碍，或是觉得弄不清合同里究竟有什么门道，索性不去管它；或是认为签订合同没有实际意义；或是联想签了合同，万一自己出了什么问题，依据合同追究自己的责任怎么办；或是暗自盘算自己万一找到更好的工作可以一走了之，不想受法律约束，就不签订合同，等等。

客户和家庭服务从业人员签订服务协议

实际上有相当多的不太正规的家政服务公司或不太厚道的客户，恰好就利用了求职者的这些心理，不与其签订合同，这样在侵犯家庭服务从业人员权益时就不会受到法律追究。近年来已经出现过大量的类似案件，不少家庭服务从业人员为此吃了亏。

对于家庭服务求职人员来说，与家政服务公司或客户签订合同，有利于维护自己的合法权益。如果自己的正当权益受到侵害，就可以按照劳务合同的约定申请法律保护，维护自身权益。如果没有劳务合同，彼此间的权利义务没有明确，一旦产生劳动争议，无法用相关证据证实自己的权益，那么，家庭服务从业人员的权益就难以得到维护。

思考题

1. 目前在家庭服务市场上，客户对家庭服务从业人员的素质要求日益提高。据调查，一名优秀的家庭服务从业人员应具备的良好素质如图 2 所示。请结合你的体会，谈谈一名优秀的家庭服务从业人员应具备哪些素质。

2. 老王和他的朋友从老家来到省城找工作，经过一番考虑，决定选择家庭服务行业。大伙在劳动力市场找工作时，面对各种各样的岗位

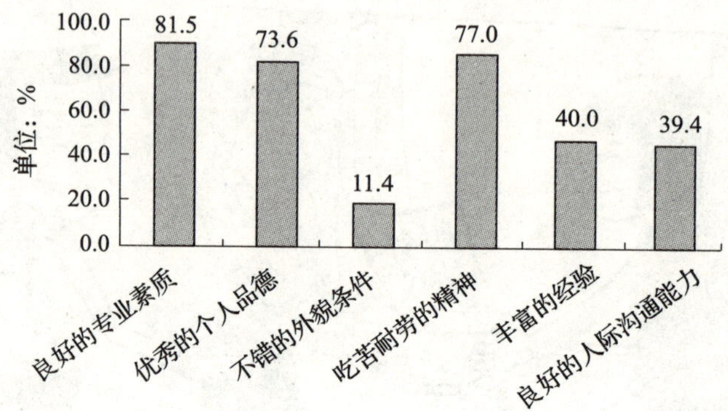

图 2　优秀的家庭服务从业人员应具备的良好素质

需求信息很是困惑，不知道自己该选择什么岗位。以下是老王等人的个人简介：

（1）老王，男，40 岁，高中文化，曾经当过乡村医生，能吃苦，有耐心，希望能找到一份月薪在 1 800 元以上的工作。

（2）刘某，女，35 岁，两个孩子的妈妈，中专文化，有三年的幼师工作经验，性格开朗，会说普通话，懂电器，同时也擅长做家务，希望能找到一份月薪在 2 200 元以上的工作。

（3）张姨，女,45 岁，初中毕业，身体健康，在老家是出了名的“孝顺媳妇”，勤劳细心，手脚麻利，烧得一手好菜，希望能找到一份月薪在 1 600 元以上且可以提供住房的工作，这样可以省去租房的钱。

（4）小赵，女，22 岁，某专科学校毕业生，在校期间参加过家政方面的技能培训，对家政行业非常看好，聪明活泼，善于与人沟通，在操持家务方面有一定的经验，希望能找到一份月薪在 2 000 元以上的工作。

请你根据他们各自的情况，看看他们适合哪些家庭服务岗位，然后向他们提供参考建议。

3. 对当地家政培训机构做一次调查，列出五个家政培训机构的名称及其开设的培训项目。

4. 找一个休息时间和你身边的同事或同样从事家庭服务工作的同乡做一次交流，谈谈你们所遭遇或听说的求职骗局，分析一下受骗的原因，列举出防止上当受骗的小诀窍。

3 第三章 明确从业要求 努力提高服务工作质量

第一节 家庭服务主要岗位职责

第二节 家庭服务工作的特点

第三节 家庭服务岗位行为要求

第四节 加强文明礼仪修养

在家庭服务市场找到适合自己的岗位之后，家庭服务人员会面临一些实际问题，就是怎样才能做好自己的本职工作，怎样才能做到让客户满意，这需要家庭服务人员明确自己所从事岗位的主要职责，把握家庭服务岗位的履职要求和工作要领，掌握家庭服务行业的文明礼仪规范，在工作态度、工作方法、工作效率等方面多下工夫。

第一节　家庭服务主要岗位职责

在工作岗位上，人们经常提到岗位职责，那么到底什么是岗位职责呢？岗位职责就是指一个岗位所要求完成的工作内容以及应当承担的责任范围。每一个岗位都有具体的职责，不同的岗位有不同的职责。家庭服务人员在上岗前，应充分了解自己的岗位职责，明确自己这个岗位要完成哪些具体工作任务，要承担什么样的责任。只有对岗位主要职责了如指掌，才能在工作中做到有条不紊、得心应手。

下面我们着重介绍家政服务员、养老护理、病患陪护、母婴护理这四类岗位的主要职责，旨在帮助家庭服务人员明确各类岗位职责重点，完成工作任务，做到有的放矢。

一、家政服务员岗位职责

家政服务员是根据要求为所服务的家庭操持家务，照顾老人、病人、孕产妇、婴幼儿，管理家庭有关事务的人员。

家政服务员岗位职责主要包括：

1. 按照客户的要求采购食物和生活用品，安排和制作家庭餐；
2. 洗涤、熨烫、整理衣物，搞好居室的清洁卫生与环境美化；
3. 护理婴幼儿，照料婴幼儿的日常饮食和生活起居；
4. 护理老人，照料老人的日常饮食和生活起居，陪伴老人安全出行；
5. 护理病人，照料病人的日常饮食和生活起居，陪伴病人到医院就诊；
6. 护理孕妇、产妇，照料孕妇、产妇的日常饮食和生活起居，陪伴孕妇、产妇安全出行。

二、养老护理岗位职责

养老护理员是指对老人生活进行照料、护理的服务人员。

养老护理岗位职责主要包括：

1. 照顾老人的日常饮食和生活起居；
2. 协助老人进行个人卫生清洁活动，为老人提供居家保洁服务；
3. 陪伴老人安全出行和参加休闲娱乐活动；
4. 协助老人进行治疗和康复锻炼；
5. 为老人提供心理疏导。

三、病患陪护岗位职责

病患陪护员是指在医院或家庭中，对特定人群（例如慢性病人、行动不便的病人、残疾人、生活不能自理的病人及智障人士等）给予生活照料、疾病护理和心理护理的服务人员。

病患陪护岗位职责主要包括：

1. 照顾病人的日常饮食和生活起居；
2. 协助病人进行个人卫生清洁活动；
3. 对病人的生活用具进行清洁消毒；
4. 护送、协助病人进行就诊活动或康复活动；
5. 协助和安排病人服药；
6. 为病人提供心理陪护和支持；
7. 保护病人的人身安全。

四、母婴护理岗位职责

母婴护理员是指进入家庭为孕产妇和新生儿提供护理服务，使孕产妇能得到合理的调养、新生儿能得到科学喂养和专业护理的服务人员。

母婴护理岗位职责包括对新生儿的护理和对孕产妇的护理两大方面。

新生儿护理岗位职责主要包括：

1. 照料新生儿的日常饮食；
2. 为新生儿提供卫生护理；
3. 为新生儿提供身体护理；
4. 观察并护理新生儿的常见疾病；

5. 帮助新生儿养成良好的睡眠和交流习惯；

6. 为新生儿提供适宜的体能训练；

7. 协助开发新生儿的智力。

孕产妇护理岗位职责主要包括：

1. 照料孕产妇的日常饮食，制作营养餐；

2. 对孕产妇进行生活护理，协助孕产妇进行个人卫生清洁活动，并提供居室保洁服务；

3. 对孕产妇进行健康护理，指导产妇科学预防各类常见疾病；

4. 对产妇进行心理疏导，指导、协助产妇进行产后康复训练。

第二节　家庭服务工作的特点

一、工作场所的私密性

和其他社会职业不同，家庭服务职业的工作地点不是在公共场所，而是在客户家里，这样的工作场所具有较强的私密性，因而对从业人员提出了特定要求。

1. 活动空间相对固定

在从事家庭服务工作期间，家庭服务人员绝大部分时间是在客户家里度过的，这就把家庭服务人员的活动空间范围相对固定了下来，客观上要求家庭服务人员能安心坚守在这个特定的工作岗位上。

2. 个人隐私受到影响

家庭服务人员和客户家人每天有大部分时间是“共处一室”，可以说是“抬头不见低头见”，即便是“不见其人”，也可以“先闻其声”，难免会涉及客户家人的隐私问题。同时，自身的隐私权利也有可能受到影响，这就要求家庭服务人员既要学会尊重客户家人的隐私，也要学会保护自己的隐私。

3. 生活习惯需要磨合

每个家庭都是一个相对狭小的空间，生活在其中的家庭成员都有自己独特的性格和特点。家庭服务人员进入客户家庭后，首先会面临一个适应新环境的问题，这就要求家庭服务人员主动了解客户家人的生活习惯和家规家风，了解每个家庭成员的性格特征。只有这样，才能很好地融入其中，为客户家庭所接受，为自己开展工作打下良好的基础。

4．安全责任更加突出

家庭是个人生命的延续地、物质财富和贵重物品的存放地。当客户把家门钥匙交给一名家庭服务人员的时候，就等于把自己的家人和财物都放心地托付给她，这时家庭服务人员就成为客户的“编外家庭成员”，实际上也就承担起保护客户家人生命财产安全的责任。

5．增进互信尤为重要

俗话说，“距离产生美”，距离太近容易产生摩擦和误会。家庭服务人员和客户家人共同生活在一起，难免会发生一些磕磕碰碰，家庭服务人员应该有宽容心和平常心，要相信客户家人既然接纳了自己就必然是信任自己的，同时也要注意从生活细节入手做好服务工作，用贴心的服务来赢得客户家人的信任和尊重，从而在家庭里营造出一种互相信任、和睦相处的良好氛围。

案例与点评

家政服务员张玉在一位私营企业女老总家中工作，主要是替她打理家务，照顾上小学的女儿。这位女老总和她的先生经常出差不在家，有时候一走就是一个星期，只留下张玉和小女孩在家，可张玉做事从不偷懒，女老总在不在家都是一个样，每天把家里收拾得干干净净，除了必要的外出活动，她一般都安心地守在家里，为女老总看管好这个家。为了照顾好小女孩，张玉每天很早就起床，给小女孩准备可口而有营养的早餐，然后叫她起床吃早饭，帮她收拾好书包和物品，7点半钟准时把她送到小区旁边的小学，过马路时张玉总是紧紧拉着小女孩的手，直到看着她走进校门才返回家中。

张玉的表现让女老总一家很满意。女老总和她的先生总是说：“我们工作忙，没时间打理家务和照顾女儿，看到你这么细心负责，我们也就放心了。”听到这样的赞扬，张玉总是微笑着说：“谢谢你们对我的信任，我拿了这份工资，就应该认真做好这份工作。”

【点评】张玉的经历表明，家庭服务人员的工作场所是一个私密空间，这样的私密空间原本只有亲人才能共有，可以说是一个充满着信任、交融着感情的地方。家庭服务人员作为一个特殊的工作人员，一旦进入这个私密空间，就应该主动融入这个私密空间，用自己细致入微的服务打动人，以良好的职业操守取信于人，从而与客户家人之间建立一种不是亲人胜似亲人的关系。

二、服务对象的特殊性

家庭服务职业的服务对象与众不同，包括老人、病人、婴幼儿、孕产妇等特殊人群。这些特殊的服务对象对家庭服务提出了更高要求。

1．要承担更大的劳动强度

由于老人、病人、婴幼儿、孕产妇等特殊人群在生活自理方面相对欠缺，生活当中有很多事情必须依靠别人的帮助和扶持才能完成，这无形加大了家庭服务人员的劳动强度。

2．要提供专业化的服务

老人、病人、婴幼儿、孕产妇等特殊人群，无论是生理上还是心理上，都或多或少存在一些健康问题，在饮食、生活起居、卫生、心理等方面有一些特别的注意事项，更需要精心地照顾和专业化、个性化的护理服务。

3．要倾注更多爱心和关怀

家庭对每个人来说，都是最温暖、最安全的地方，老人、病人、婴幼儿、孕产妇等特殊人群，往往心理比较脆弱，心理承受能力相对较低，更希望在家庭中得到无微不至的关爱和呵护。那么，作为家庭服务人员，就应该顺应他们这种特殊的心理需求，在工作中投入更多的爱心和关怀，把他们当做亲人一样来爱护。

4．要更加宽容和谦让

老人、病人、婴幼儿、孕产妇等特殊人群，由于处在特定的时期，其性格、情绪可能会发生一些变化，会提出一些不尽合理的要求，有的时候还不通情达理，甚至还会对家庭服务人员有所刁难，这就需要家庭服务人员对他们多一点宽容、多一点谅解、多一点谦让。

案例与点评

小张刚来北京干家政服务员，好不容易找到了一个照顾老人的工作，可是只工作了20多天，就和客户回到公司办理了解除合同手续。当工作人员问起解除合同的原因时，她长吁短叹，表示她在客户家受气、受虐待。在工作人员的再三追问下，她才道出实情："我照顾一位70多岁的老人，每天要给他喂饭。老人吃饭时总要剩下一口，却非让我把这口饭吃下去。一开始我想，可能是我给他盛的饭菜多了，所以后来我就少盛一些饭菜，但是老人仍然要剩一口。每天都要吃他口水滴答的剩饭，我实在没法忍受了，这才要求解除合同。"

这时，旁边一位老服务员听到是这个原因后，就主动和客户签订了服务合同。一个月后，双方高高兴兴地来到公司续签合同，而且还提高了服务员的工资。当工作人员问老服务员是否要吃老人的剩饭时，她这样说："到客户家后，我就主动与老人聊天，夸奖老人的儿女有多么孝顺，夸他多有福气。当我给老人喂饭时，一开始他还是剩口饭让我吃。于是，我就耐心地对他说：'现在干什么都要讲福气，连喝酒都要剩一口，那叫福根，要留给最有福气的人喝。如果我把您的饭吃掉了，也就是把您的福气吃掉了。'老人听后，再也不让我吃他的剩饭了。"

【点评】这两位家政服务员的不同经历表明，同一个老人，同一件事，两种不同的处理方法，得到了两种截然不同的效果。在家庭服务工作中，服务对象千差万别、不尽相同，特别是老人和病人，性情可能古怪，让人难以接受。对于这样的特殊对象，要表现得更加大度一些、宽容一些，更重要的是摸准其脾气和秉性，因人而异，切合实际地找出有效的处理方法，使服务对象能够以愉悦的心情接受自己的规范服务。

三、作息时间的灵活性

相对于那些普通的上班族来说，家庭服务人员的工作时间较长，且容易受突发情况影响，表现出明显的灵活性，因而也对家庭服务提出了特定要求。

1．根据客户需求而定

由于家庭服务工作的特殊性，从业人员不可能像其他工种一样，每天只工作 8 小时，作息时间也不可能是固定的早八晚五模式，而要根据服务对象和工作内容的需要灵活处理。因此，家庭服务从业人员必须以客户的需要为己任，根据客户需求调整自己的作息时间和生活习惯，在工作时间的安排和把握上既有原则性，又不失灵活性，这样才能成为深受客户喜欢的生活好帮手。

2．通常要随叫随到

客户在家庭生活中往往会有一些临时性的事务，也可能会遇到一些突发性的问题，这个时候，他（她）最需要家庭服务人员提供帮助。所以，从事家庭服务职业就得有一个思想准备，要做到随叫随到，而且应争取第一时间赶到，快速、高效地帮助客户解决问题。

3．节假日不能正常休息

按照我国有关法律规定，劳动者在法定节假日是可以休息的。但对于家庭服务行业来说，越是在法定节假日、双休日，客户休息、全家团聚的时候，越是需要家庭服务人员提供保洁、烹饪等方面的服务。因此，对于家庭服务人员来说，其休假无法做到与其他职业同步，即便是法定节假日，不但不能正常休息，反而可能会更加紧张和繁忙。

4．特殊情况下需要长时间连续工作

对于家庭服务人员来说，在一些特殊家庭中，面对病人、婴幼儿等特殊服务对象，在特殊护理期间，可能需要家庭服务人员长时间连续工作，这对家庭服务人员的身体素质和职业精神都是一个考验。

案例与点评

《都市文化报》曾报道过一位菲律宾籍家政服务员的从业经历。她叫 LEA，现年 37 岁，有 14 年的家政服务工作经历。

她的第一个服务对象是一对台湾夫妇，除了日常一日三餐、打扫卫生以及处理各类生活琐事外，最重要的任务就是带孩子。她刚刚进入这个家庭的时候，大孩子才出生几个月。她的到来使年轻的母亲很快解脱出来，放手把孩子交给她。那时候，23岁的她开始承担起一个做母亲的责任。足足3年的时间，她没有过一天休假。

孩子小时候经常夜哭。凌晨2点，尖锐的啼哭声穿透房间，把LEA和孩子的父母从睡梦中惊醒。她在黑暗中睁开眼，两步奔到婴儿床边，轻柔地摇荡着床栏，唱起温柔的菲律宾民歌。3分钟过去了，孩子哭声依旧，于是她用孩子平日里最喜欢的姿势环抱着他，亲吻着他。5分钟过去了，孩子仍啼哭不止。这时主人敲门进来，好心地搂过孩子。“你去休息吧，我来哄他。”LEA这样说。几经“易主”，孩子哭声依旧，主人只好“物”归原主。凌晨3点整，孩子的哭声逐渐停止，在工作了22个小时之后，她为孩子抹去泪水的手上也淌满了自己的泪水。

直到孩子4岁的时候，她才有了一次回国探亲的机会，而这时她已离开家乡整整4年了。等到她再度回到台湾时，主人的第二个孩子又出生了。刚刚轻松一点的她，又开始了她的“苦差”。两个孩子慢慢长大了，都和她感情深厚，她从小教孩子们讲英文、做游戏、写作业，孩子们都很喜欢她。

【点评】菲律宾籍家政服务员LEA的经历表明，做家庭服务工作，不轻松，也不容易。尤其是在作息时间方面，不固定，也不自由，随时都可能有任务，即便暂时没有具体任务，也是处于待命状态。而一旦任务来临，可能需要加班加点，连续工作。如本案例中的主角LEA，为照顾婴儿连续工作22个小时，这样的工作负荷非一般人可以承受，正因为如此，才更体现家庭服务工作的价值，才更彰显家庭服务人员的可贵。

第三节　家庭服务岗位行为要求

在家庭服务工作岗位上，应该以什么样的态度投入工作，用什么样的方法来干好工作？这是每个家庭服务从业人员必须面对的问题。考虑到家庭服务行业的特点，对照家庭服务主要岗位职责，家庭服务人员在履职过程中应遵循以下基本要求：适应客户特点，提供个性服务；与人友好相处，构建和谐关系；掌握家政常识，保证服务质量；合理安排事务，提高工作效率；提高防范意识，维护居家安全；严格要求自己，赢得客户尊重。

一、适应客户特点，提供个性服务

社会中每个家庭由于成员构成、年龄、性格、文化程度、经历、生活习惯等不同，故每个家庭对家庭服务有着各自不同的需求。对于家庭服务人员来说，要通过主动沟通、日常观察等方式，逐步掌握家庭成员的基本情况，对他们的脾气秉性、兴趣爱好、职业性质、作息时间、饮食癖好、卫生习惯等做到心中有数，尤其是要全面了解他们在生活方面的特点和需求，有针对性地制定服务措施，为客户提供个性化服务。

1．要适应客户的饮食特点

随着经济的发展，人们的生活质量逐步提升，家庭越来越注重日常饮食。一方面，注重饮食营养成分，要求食物量少质精、品种多样、搭配合理、容易消化；另一方面，讲究饮食风味，在主副食和菜肴的口味等方面有自己的爱好。比如北方人以面食为主，南方人以米饭为主食；在湖南，家家户户都偏爱辣椒，无辣不下饭；而江浙、上海一带的人喜欢吃甜食，炒青菜也加点糖；四川人和重庆人则喜欢麻辣，爱吃火锅。

家庭服务人员进入客户家庭后，要尊重并适应其家庭成员的饮食习惯，既要满足他们对饮食的基本要求，精心制作好家庭餐，也要尽可能满足他们的特殊饮食要求，主动征求他们的意见，虚心向他们学习地方特色菜的制作方法，下一番工夫，学会几道他们爱吃的拿手菜。

2．要顺应客户的生活规律

一般来说，城市家庭的生活起居都是比较规范的，除节假日和周末以外，每天起床、上班（上学）、用餐、休息等作息时间是比较固定的，有一定的生活规律，家庭服务人员在工作安排上要顺应客户家庭成员的生活规律，不能相互抵触。例如，有的老人吃完午饭后1:00—2:00要午休，这时家政服务员就不要安排居室清洁、洗衣服等噪声大的工作，以免影响老人的休息；相应地，可以理一理菜，为晚餐做准备，或把上午采购的花销记一记账，安排类似一些相对安静的工作，体现了以客户的生活习惯为优先的工作原则。

3．要尊重客户的卫生习惯

每个家庭都有自己多年形成的卫生习惯，在家庭餐制作、居室保洁、衣物洗涤等方面有较高的清洁卫生要求。比如有的家庭特别讲卫生，要求蔬菜水果必须用清水洗三遍，房内须每天进行大扫除，洗涤衣物得将家庭成员的衣物分开洗等。家庭服务人员应该尊重客户的卫生习惯，积极按照客户的要求去做，做到不厌其烦、工作到位。

4．要尊重少数民族的生活习俗

我国是一个多民族国家，各民族都有其独特的生活习俗，体现在宗教信仰、饮食习惯、节日欢庆、生活起居、礼仪文化等多个方面。比如，回族信仰伊斯兰教，不吃猪肉及各种野兽肉，忌食一切牲畜的血和自死动物，不喝酒，喜欢吃牛、羊及家禽肉。家庭服务人员如果受聘于少数民族家庭，要尊重客户所属民族的生活习俗，努力使自己适应对方，共同创造和谐的氛围。

案例与点评

张奶奶退休后没有和儿女们生活在一起，孩子们便请来养老护理员在家照顾她。可是两年来，养老护理员换了一个又一个，尽管张奶奶的孩子们付给养老护理员的报酬一次比一次高，但没有一个能干得长久的。其实张奶奶是个性格开朗的人，爱说爱笑，平时跟谁都能处得很好，很少和人有摩擦，但就是对人对事要求很严，特别爱干净，家里要一尘不染；平时吃饭都是分餐制。因为这些习惯，让养老护理员大多不太适应，对她很有意见，便纷纷辞职了。为此，张奶奶非常苦恼。后来，女儿从一家知名的家政服务公司给张奶奶请了一名优秀的养老护理员——王阿姨。几天下来，王阿姨通过聊天和观察等方式，终于摸清了张奶奶的生活习惯和特点。在帮张奶奶做家务活时，王阿姨会主动询问张奶奶的意见，然后根据她的要求去干活，干完活后还会请张奶奶检查指导。尤其是卫生方面，王阿姨特别用心、细心，每天都把家里收拾得窗明几净、井井有条，每次吃饭时，也会主动把张奶奶的饭菜单独盛放，这一切都被张奶奶看在眼里，喜在心里。现在张奶奶逢人就夸王阿姨能干、细心，是一名优秀的养老护理员，还给她所在的家政服务公司写去了表扬信。

【点评】 王阿姨的经历表明，家庭服务人员要想赢得客户的认同和满意，首先应主动与客户多沟通、常交流，充分了解客户的生活特点，尊重并适应客户的生活习惯，尽可能满足客户在居家生活方面的各种特殊而合理的要求，为客户提供个性化的贴心服务。这是家庭服务人员做好本职工作的基本要求，也是有效方法。

二、与人友好相处，构建和谐关系

家庭服务工作的服务对象是客户的家庭成员，对于家庭服务人员来说，就是为客户的生活提供温馨服务，让客户的家庭成员感到满意。要做到这一点，就必须在扎扎实实地做好分内工作的前提下，努力学会与各种不同的人打交道，掌握人际交往的方法和技巧，与客户家庭成员之间友好相处，建立一种融洽、和谐、互信的工作关系，从而为自己营造一个舒心的工作环境。

从血缘和感情上讲，家庭服务人员和客户家庭成员不是一家人，但从工作角度来讲，家庭服务人员和客户家庭成员又是在同一个屋檐下共同生活，在同一口锅里吃饭，甚至是朝夕相处。家庭服务人员作为一名外来的工作人员，怎样才能使自己融入到客户的家庭中去，做到与其家庭成员和睦相处呢？这需要家庭服务人员有一颗真诚的心，一腔真挚的情，再加上一些为人处世的艺术和智慧。

实际上，人际交往是一门复杂的艺术，因为不同的人有不同的性格特点和心理需求，即便是在同一个家庭里，成员之间也有差异性。因此，作为家庭服务人员，在与客户家庭成员相处时，要在坚持相互尊重、以诚相待、成人之美等大原则的前提下，因人而异，将心比心，针对不同的人采用不同的方法，把握相应的注意事项。

1．家庭服务人员与客户家庭中成年男性成员的相处之道

要做到“五要”：一要自尊自爱，二要落落大方，三要以礼相待，四要保持适当的距离，五要学会自我保护。

同时要做到“五不要”：不要有非分之想，不要超出正常交往范围，不要取笑打闹，不要谈论男女之间的私事，不要改变对他的称呼（用类似“老师”“先生”等敬语，而不用过分亲昵暧昧的称谓）。

还要做到“五拒绝”：拒绝提供有违法律和道德的服务，拒绝参与非法活动，拒绝接受单独外出的邀约，拒绝接受私下赠送的礼物，拒绝接受超范围给付的“酬金”。

2．家庭服务人员与客户家庭中成年女性成员的相处之道

要做到“三个应该”：在任何时候都应该尊重和维护她的面子，在从事家务劳动时应该尽量按她的要求去做，在洗涤和保管她的物品时应该倍加细心。

同时要做到“四个主动”：做家务时主动征求她的意见，与她一起外出时主动帮她提东西，在她有需求时主动提供力所能及的帮助，在她遇到尴尬事情时主动为她解围。

还要学会“三个表达”：对她的内在素质和外在形象表达赞美之意，对她引以为豪的事表达敬佩之情，对她的幸福家庭生活和出色工作业绩表达羡慕之心。善意、真诚地赞美别人，是一种有效的沟通方法，但要注意不能一味地夸大事实、无原则地曲意逢迎，否则会弄巧成拙。

3．家庭服务人员与客户家庭中孩子的相处之道

要做到“三个始终”：始终与孩子保持亲密的关系，始终怀着爱心而善待孩子，始终保持足够的耐心和温和的态度。

同时要做到“四多”：多观察孩子，多与孩子沟通，多表扬孩子，多鼓励孩子。

还要牢记“四个切忌”：一是切忌训斥、吓唬甚至打骂孩子；二是切忌让孩子接触危险物品或参与危险游戏；三是切忌以大人的眼光来看待和计较孩子的言行；四是切忌对孩子灌输错误的思想观点。

4．家庭服务人员与客户家庭中老人的相处之道

要做到“六多”：多理解老人的心态，多尊重老人的个性，多关注老人的情绪变化，多关心老人的冷暖和健康，多陪老人聊天或外出活动，多谈论老人感兴趣的话题。

同时要做到“五不要”：不要当面顶撞老人，不要伤害老人的自尊心，不要对老人提出的要求置之不理，不要在老人面前谈起让他（她）伤心的往事，不要在老人面前提及“老”“病”“死”等字眼。

案例与点评

近日，天津市出现了这样一件感人的事：一名家政服务员干了3年之后，客户主动为她张罗下家。

2008年10月，小张准备住院生产，她通过家政服务公司请来了刘阿姨做家政服务员。顺利产下女儿出院后，小张在刘阿姨的照顾下身体恢复得很好，女儿也养得白白胖胖的。很快小张的产假就到期了，开始重新上班，这就更离不开刘阿姨。每天早晨7点，刘阿姨准时来到小张家，帮她带孩子、做饭、收拾屋子，晚上7点才下班回家。在小张忙不过来时，刘阿姨则会帮她把手头的事忙完再走，有时候，看她实在太累了，就主动留下来，帮她带一宿孩子，让她睡一宿好觉。要赶上小张加班，刘阿姨还会把孩子带回自己家，晚上小张下班直接去她家，吃了晚饭再带孩子回去。

就这样刘阿姨在小张家干了3年多，与小张一家相处得非常融洽。令小张最为感激的是，孩子跟刘阿姨学了不少好习惯，自理能力强，很懂事。2012年4月份，小张的女儿就要上幼儿园了，不需要有人整天带了。于是小张就张罗着要帮刘阿姨再找一个合适的客户，在网上不少论坛里都发了“推荐一个好阿姨”的帖子。没过多久，很多客户都找上门来，争相聘请刘阿姨做家政服务员。今年上半年，刘阿姨被当地家庭服务行业协会评为“明星家政服务员”。

【点评】刘阿姨的经历表明，家庭服务人员能否与客户建立融洽和谐的关系，关键是要从自身做起，在工作中能够积极主动，勤奋努力，有吃苦耐劳的精神，对客户负责，在为人处世方面能够以诚相待，热情淳朴，心胸开阔，大度宽容，这样就会赢得客户的认可、信任和尊重。可以这样说，只要家庭服务人员真正把客户的家庭成员当做自己的亲人来照顾，那么客户也会把家庭服务人员当做自己的亲人来对待。

三、掌握家政常识，保证服务质量

家庭服务是一门技术活，涉及家庭生活方方面面，包括家务操持、生活照料、保健护理等多项专业技术工作，需要运用一定的专业知识、操作技能和工作方法。作为家庭服务人员来说，必须全面掌握家庭服务基本常识。所谓家政常识，顾名思义，就是家庭日常生活中经常要运用的知识，它既包括那些系统化、专业化的基础理论知识，也包括那些被人们经常使用的技术和方法，还包括那些已经得到验证的实践经验。

掌握家庭服务基本常识，对于家庭服务人员具有十分重要的意义，有利于提高家庭服务人员的专业化水平和职业素质，有助于家庭服务人员科学、有效地解决工作中的各种“疑难杂症”，有益于家庭服务人员提高工作效率和改进服务质量。从某种意义上说，是不是牢固地掌握了丰富的家庭服务常识，是不是能够充分运用这些家庭服务常识，是衡量一名家庭服务人员专业化水平高低的重要标志，也是决定一名家庭服务人员工作效率和服务质量的重要因素。

缺乏家庭服务常识是一种专业素质的缺失，对于家庭服务人员来说，所带来的消极影响是显而易见的。如果一名家庭服务人员缺乏家庭服务常识，就会经常在工作中遇到“拦路虎”和“麻烦事”，就会使自己的工作陷入被动局面和困难境地；家庭服务常识的缺乏，还可能会引发一些不必要的失误，甚至还会酿成令人痛心的事故，给客户的家庭带来损失，给自己的职业发展蒙上阴影。

案例与点评

小龚2008年专科毕业后，应聘到某品牌家政服务公司做了一名家政服务员。因为从小被父母宠爱，几乎没干过家务活，对家务方面很生疏，所以刚开始的时候，小龚做得很不顺手，经常遇到一些小麻烦，比如精心烹制的鱼有腥味，刚买回来的猪肉不是新鲜的，卫生间的污渍怎么擦都清除不了。有一次因为没有正确使用热水器，差点引起煤气中毒，受到了客户的严厉批评，为此她没少抹眼泪。后来，在公司举办的业务培训班上，她听老师介绍了一些实用小窍门，回去一用发现效果非常好，从此她开始重视学习家庭服务常用知识，注意通过电视、书籍、网络等渠道收集、记录家庭生活方面的小窍门，一有机会就向经验丰富的同事请教，逐渐积累了不少家庭生活常识，不但大大提高了自己的工作效率，而且还成为客户家人眼里的“专家”。有一次小龚成功地帮助邻居家一位心脏病突然发作的老人进行了紧急处理，使老人及时得到了救治，在小区引起轰动，受到大家的交口称赞。现在客户家的左邻右舍一遇到家庭生活上的“疑难杂症”，首先想到的就是向她讨教“小窍门”。2012 年，小龚因为专业素质好，工作踏实能干，服务质量高，深受客户喜爱，被评为市劳动模范。

【点评】小龚的经历表明，家政服务常识是家庭服务人员必须具备的一种专业素质，直接影响家庭服务人员的工作效率和服务质量。只有全面掌握家庭服务常识，才能真正做好家庭服务工作，成为一名受大家欢迎的家庭服务人员。

随着社会的发展，人们的生活水平日益提高，对家庭服务的要求也不断提高，家庭服务人员应当主动适应社会和客户的要求，积极参与专业技能培训，努力学习家庭服务常识，不断提高自己的工作效率和服务质量。

四、合理安排事务，提高工作效率

家庭服务人员对自己职责范围内的各项日常事务要做到心中有数，计划在先，分清主次，先急后缓，劳逸结合，合理安排，力求省时、省力、高效。

1．制订工作计划

家务劳动十分繁杂琐碎，如果没有计划，就会手忙脚乱，也很容易出差错。家庭服务人员应根据客户家中的实际情况，预先把一天的家务活按照时间先后顺序和轻重缓急程度，逐一分类，安排合理，编制一张实用高效的工作计划表，使之形成规律。只有这样，才能有条不紊地做好各项工作。

家庭服务人员可以参照表 4，结合客户家中的实际情况，合理安排自己一天的工作。

表 4　家庭服务人员一天工作计划表

时间	主要工作内容
6:00—6:30	起床，整理个人卫生
6:30—7:00	做早餐
7:00—7:30	协助小孩起床、晨读
7:30—8:30	送小孩上学，买菜
8:30—11:30	清洁卫生，洗衣服
11:30—12:00	做午饭
12:00—12:30	客户午餐时间，用餐后收拾餐具
12:30—14:00	午休（督促小孩养成午休习惯）
14:00—16:00	按计划、分区域进行卫生清洁
16:00—16:30	准备晚餐
16:30—17:30	接小孩回家及督促小孩完成作业
17:30—18:00	做晚餐
18:00—19:00	客户晚餐时间
19:00—19:30	餐具清洗，厨房清洁整理
19:30—20:30	安排小孩洗澡，整理学习用品，提醒学习、阅读等
20:30—21:00	衣服整理、熨烫
21:00—21:30	当天垃圾清理，门窗、水、电、气检查
21:30—22:30	洗澡，就寝

案例与点评

晓晴是一家大型家政服务公司的员工，在经过为期一个月的培训后，被聘用到一个四口之家做家政服务员。她一来到客户家就主动征求四位家庭成员的意见，把周一到周日的工作流程用表格的形式列出来，把一日三餐的菜谱也都列出来，然后按照这个流程去完成，并根据客户的要求适时进行调整。晓晴的做法得到了客户家人的一致好评，他们逢人就夸晓晴把家里的生活打理得井井有条，给全家人带来了温馨舒适的生活。

【点评】晓晴的经历表明，制订工作计划，有利于家庭服务的各项工作有序进行，能够大幅度地提高工作效率。作为家庭服务人员，应该掌握这种有效的工作方法，按照一定的劳动规律，根据客户的实际情况，对手头的家务活进行合理的安排。这样既可以减轻自己的负担和压力，也容易赢得客户的满意。

2．充分使用家电

充分使用家用电器，最大限度地发挥家用电器的功能，可以降低家务劳动强度并节省时间。例如家庭服务人员使用自动、半自动洗衣机清洗大件衣物和床单、被套等，极大地提高了工作效率，降低了工作强度。又如使用电冰箱就不必每天买菜，可以三天或一周购买一次，储藏于冰箱里，这样既能保鲜、保质，又大大节省了时间。还有使用一些自动开关的电饭煲，也可以大大提高烹饪效率，节省时间。所以，家庭服务人员应学会利用家用电器、家用清洁剂等，最大限度地应用科技，以最少的精力、最短的时间完成最繁重、复杂的家务劳动。

3．做好统筹安排

所谓统筹，简单地说，就是对各种资源进行合理的安排，达到综合利用、减少和杜绝浪费的目的。作为家庭服务人员，可以在家务劳动中采用统筹的方法，对资源进行合理分配，使各项相关的家务劳动能够交替完成，从而提高资源的利用率。时间就可以统筹安排，在同一段时间里可以完成多项工作。比如煮饭，从电饭煲开始启动到米饭成熟，这段加工时间无须投入人力，那么，家庭服务人员就可以见缝插针，穿插进行其他家务劳动。又如将脏衣服浸泡到肥皂水中，然后可以继续整理其他物品。同样地，其他资源也可以用来统筹安排，使同一种资源可以重复使用。比如洗菜淘米的水，可以用来浇花、拖地板、冲厕所等。

五、提高防范意识，维护居家安全

无论是对客户还是对家庭服务人员来说，居家安全都是第一位的，安全既包括客户家庭成员及家庭服务人员的人身安全，也包括客户家庭及家庭服务人员的财产安全。安全无小事，防火、防盗、防意外，事事都不能忽视，时刻都不能麻痹。维护居家安全必须以预防为主，以预防为重，以预防为先。家庭服务人员应强化防范意识，掌握安全知识，不断提高预防和处置安全事故的能力，切实当好客户家庭的“守护神”，同时也保证自身的安全。

1．家庭防火

（1）家庭防火措施

1）在不使用家用电器时应拔掉插头。

2）耗电量大的家用电器应单独使用一个插座，以免电力负荷过重。

3）不乱接乱挂电线，电路熔断器切勿用铜丝、铁丝代替。

4）教育孩子不玩火，不玩弄电气设备。

5）火柴和打火机须放在小孩拿不到的地方。

6）床单、衣物勿靠近烤火炉或取暖器。

7）煮食物时锅中勿放过多食物，以免油或油脂受热膨胀，溢出锅外引发火灾。

8）离家或睡觉前要检查家用电器是否断电，煤气阀门是否关闭，明火是否熄灭。

（2）火灾处置方法

1）发生火灾时，应保持沉着冷静，依据火情大小作出判断。

2）迅速拨打火警电话 119，简明扼要地说清着火地址、灾情状况、起火原因、报警人姓名、联系电话等。

火警电话 119

3）迅速通知并疏散房屋内的其他人员，告知客户的家属和邻居。

4）及时切断室内电源、气源。

5）如火势很小，要迅速使用家庭消防器材或用水将火扑灭，但电器电线着火，应用厚抹布覆盖，隔绝空气来灭火，切忌直接用水泼。另外，扑救时要大声呼喊客户家人或邻居帮助灭火。

提　示

干粉灭火器的正确使用方法

1. 将安全栓打开。
2. 将皮管朝向火点。
3. 用力压下把手，选择上风位置接近火点，将干粉射入火焰基部。
4. 熄火后以水冷却除烟。

6）如火势无法控制，应迅速采取正确的方法逃生自救，同时协助房内的其他人员逃生。

逃生指引标志

（3）逃生自救方法

疏散时切忌慌乱，要有序地通过安全通道，服从指挥，避免发生踩踏事件。切记：高层建筑发生火灾时千万不要乘普通电梯逃生。当在楼道里发现烟气时应用湿毛巾捂住口鼻，以起到降温及过滤的作用。这是因为火灾烟气具有温度高、毒性大的特点，一旦吸入，很容易引起呼吸系统烫伤或中毒。此外，通过浓烟区域时不要直立，因为烟气轻，气流向上，地面烟气浓度相对小些，应低伏贴近地面通过。

楼层不太高的住户可以将浸过水的棉被或毛毯、棉大衣盖在身上，确定逃生路线后用最快的速度钻过火场并冲到安全区域，或者用绳索或把床单、被罩、窗帘等撕成条或拧成麻花状充当绳索沿外墙滑下自救。自救时将绳索一端拴在窗框、铁栏杆等固定物上，沿另一端滑下。在实施过程中，逃生者的脚要成绞状夹紧绳子，双手交替往下滑，并尽量戴好手套或裹上毛巾将手保护好。

当火势自下而上迅速蔓延而将楼梯封死时，住在高层的居民可通过老虎窗、天窗等迅速爬到屋顶，转移到另一家或另一单元的楼梯进行疏散。

当被火势封堵且无路可逃时，用湿毛巾或被褥塞紧门缝，把水泼在地上降温，大声呼喊待救。千万不要钻到床底、阁楼、衣橱等处避难，因为这些地方可燃物多，且容易聚集烟气。

2．家庭防盗

家庭防盗措施如下：

（1）外出或睡觉前应先关好门窗，认真检查门窗的防盗设备是否到位。

（2）晚上全家短时间外出时，最好点上一盏灯或打开电视机。

（3）晚间独处一室，要拉上窗帘，以免发生不测。

（4）对易于攀登的地方用铁丝、黄油进行缠绕、涂抹，关闭通向顶楼的门。

（5）当客户家中成年人不在家时，不可轻易让陌生人或不熟悉的人进门；如遇客人来访，可以婉言谢客，请客人另约时间。

（6）对登门办理相关业务的工作人员，应查验证件或征得客户同意后，方可开门接待。

（7）在楼道里发现可疑人员，不要轻易相信，也不要轻易放走，在确保自身安全的情况下，应及时通知保安或拨打电话 110 报警。

（8）家庭服务人员在服务期间，不要与陌生人乱拉关系，不要与服务地周边的陌生人随意攀谈，不要乱认同乡，不得将客户家庭情况告知他人，不得泄露客户家人及其亲友的家庭和工作地址、电话号码、电子邮件信箱及其他私人信息。

3．家庭急救

家中发生有人晕倒或急病，或摔伤骨折、大出血，或烧伤、烫伤等严重外伤，或触电等危险情况，如果家庭服务人员懂得一些家庭急救常识，能正确、及时地加以处置，对于挽救病患的健康甚至生命都有很重大的意义。

（1）面对危险，救护人员一定要保持镇静。切忌慌张，因为慌张易出差错。比如遇人触电，首先应切断电源，用木棍等绝缘物拨开电线，再行抢救。

（2）面对病人，首先观察其生命体征，如心跳、呼吸、脉搏以及瞳孔反应等。发现病人病情严重，应立即拨打 120 急救电话。一旦发现病人心跳、呼吸停止，则应立刻做人工呼吸和胸外心脏按压，不要忙于包扎伤口和止血，否则连病人死亡了也不知道。

（3）不要随意推摇病人。如遇骨折、脑出血，随意搬动病人会加重病情。

（4）不要舍近求远。病人心跳、呼吸停止时，应在就近医疗单位进行初级急救，之后再送往大医院，以避免病人在途中死亡。

（5）切忌乱用止痛药。有些家庭备有药箱，若急性腹痛服用过量止痛药会掩盖病情，妨碍诊断。

（6）严禁滥进饮料。胃肠外伤病人不可以喝水进食，烧伤病人不宜喝白开水，急性胰腺炎病人应禁食，昏迷病人强灌饮料会误入气道引起窒息。

案例与点评

一家家政服务公司接到一位客户的投诉，称该公司的家政服务员在做饭时忘了锅里烧着热油，最后导致油锅起火。看着燃起的火苗，家政服务员一时间手足无措，大声喊叫着跑进了客厅，向客户夫妇求救。最后，家政服务员竟急得坐在地上哭了起来，让客户很无奈。

【点评】案例中的这位家政服务员的经历表明，家庭消防安全知识是每个家庭服务人员必须掌握的技能，加强家庭服务人员消防安全教育培训，提高其消防技能水平，不仅关系到家庭服务人员自身的生命安全，也关系到所服务家庭的生命财产安全。家庭服务人员要重视居家安全，加强消防安全知识的学习，做到“三懂三会”，即懂火灾的危害和预防措施，懂消防基本常识，懂家庭防火及火灾初期扑救方法；遇到火情后会报警、会使用消防器材、会逃生。

六、严格要求自己，赢得客户尊重

家庭服务人员如何才能做到让客户满意，赢得客户的尊重呢？这就要求家庭服务人员在服务态度、工作纪律等方面严格要求自己。产生矛盾时，学会主动道歉、有效沟通，以化解工作中的失误给客户带来的麻烦。

1．端正服务态度

家庭服务人员在服务过程中要做到“五勤”和“五心”。

“五勤”，即眼勤看、脑勤想、腿勤跑、口勤问、手勤记。业内常把“五勤”归纳为“五到”和“五多”，“五到”即心到、口到、眼到、手到、身到，“五多”即多谈、多想、多比、多用、多记。

“五心”，即对待客户要有爱心，碰到困难要有信心，开展工作要专心，为人服务要有耐心，与人交往要虚心。

2．遵守工作纪律

（1）家庭服务人员与客户签订合同后，一切按合同要求办事，除确有特殊原因外，不得中途辞工，不得无故要求增加工资。

（2）应当注意摆正自己的位置，任何时候不要喧宾夺主。当客户及其家人在谈话、看电视或吃饭时，做好自己分内工作后，家庭服务人员应自觉回到自己的房间或到其他房间做事情，给客户及其家人以必要的私人空间。

（3）踏踏实实做好自己分内工作，做到客户在家与不在家一个样；不经客户许可不要进入主人卧室，不打听客户和别家的私事，更不要和其他家政服务员一起说长道短。

（4）个人生活用品必须使用客户指定用品，不要使用客户及其家人专用生活用品，更不可动用客户及其家人的化妆品，或者因好奇而翻看客户家人的私人用品。

（5）不欺骗客户，该说的说，不该说的不说，不要把自己的烦心事摆在客户面前唠叨，更不要动不动就在客户家因想家而哭泣叹气，切记自己是来工作的，不是来找麻烦的；不要利用客户的好心而向客户提出安排家人工作等不合理的要求，更不可装病吓唬客户。

（6）不要随意使用客户家的电话，需要打电话时要到公用电话亭，更不能把客户家中的电话号码告知其他家政服务员、老乡、陌生人等。如客户主动提出让家政服务员给家中打电话报平安，应事先想好要说的话或用笔记下来再打，并争取长话短说，避免在电话中哭哭啼啼；对家人尽量报喜不报忧，以免家人牵挂。

（7）不能向客户索取财物，不接受客户贵重物品的赠与。

（8）不拨弄客户家庭成员之间的关系，不参与客户家中的内部纠纷，遇到客户家中发生不愉快的事情，应尽可能回避。

（9）不能把外人带到客户家中，包括自己的亲人或老乡。住家型家庭服务人员外出要向客户请假、说明，一般不宜在外留宿。

3．掌握道歉技巧

家庭服务人员在工作中不可避免地会出现一些失误，这时不要紧张，要主动道歉。道歉时要注意以下几点：

（1）道歉不要拖延时间，越早越好，向对方清晰地说明原委，表达歉意。若事过境迁才道歉，一是难以启齿表达歉意，二是听者也会质疑你的诚意。

（2）对自己的行为勇于承担责任，不推脱，不找借口，更不要文过饰非；也不要采取大事化小、小事化了的态度。

（3）向对方道歉时，要倾听对方的诉说，了解对方的内心需求，有针对性的道歉更易得到对方的谅解。如果损坏了别人的东西，还应当赔偿。

（4）主观上要真心，充分显示出内心的悔意。如果将道歉视为息事宁人的手段，漫不经心、敷衍塞责，不但起不到相互沟通的作用，反而会失去别人的尊重，使关系恶化。

（5）要给对方时间以接受道歉。由于家庭服务人员的过失给对方造成损害，自然对方会产生不快，这时若让对方从不满到谅解需要有一个过程。如果请求原谅没有被当场接受，那么，家庭服务人员稍后可以再去表达歉意。在这个方面，家庭服务人员应表现得大度一点，主动向对方道歉，这样可以更好地增进双方的关系，弥补已经造成的裂痕和过失。

第四节　加强文明礼仪修养

在家庭服务岗位上，要想把自己的工作干好，让客户满意，良好的敬业精神是前提，过硬的专业技能是关键，而文明礼仪修养也是必不可少的。家庭服务行业是一个以家庭为中心的服务行业，对文明礼仪有较高的要求，家庭服务人员要从整洁的仪容、合理的着装、得体的举止、文明的交谈、礼貌地待客等五个方面加强文明礼仪修养。

一、整洁的仪容

仪容是指容貌，包括头发、面颊、牙齿、手部等。仪容在人的仪表中占有重要地位。家庭服务人员要注意仪容的清洁和适当修饰，做到整洁大方。

1. 要勤洗头发，一般两至三天洗一次头发，家庭服务人员如果劳动任务重、灰尘多，头发更容易脏，更应及时清洗。剪发可根据个人情况而定，如果是短发，不宜超过一个月。在发型的选择上以朴素大方为宜，家庭服务人员可选择短发，也可将长发盘起。

2. 要保持面部清洁卫生。脸部是仪容中最重要的部位，家庭服务人员每天早晚要洗脸，平时劳动过后灰尘积累较多，也要及时将脸部清洗干净。有些年轻的女性家政服务员喜欢化妆，但是要注意不应化浓妆，注意场合和客户的意见，以淡妆为宜。

3. 要保持口腔清洁。每天早晚要刷牙，平时尽量少吃葱、蒜、韭菜等刺激性气味较浓的食物，以免因口腔异味影响与客户的交流。如果食用了刺激性气味较浓的食物，可咀嚼口香糖或茶叶以消除异味。

4. 每一次劳动过后要及时洗手，使用肥皂或洗手液，仔细冲洗，要经常修剪指甲，不留长指甲，避免指甲缝中藏有污垢。

家庭服务人员在仪容修饰方面应避免以下失误：①劳动时披散长发；②浓妆艳抹或使用气味强烈的化妆品；③使用指甲油，尤其是有颜色的指甲油。

案例与点评

家政服务员王阿姨连续去几户家庭工作，可是每次做不满一周就被辞退。家政服务公司工作人员前去了解情况，一位客户说，王阿姨工作倒是很勤快，最大问题就是不讲卫生，手上的抹布刚刚放下，马上又去抱孩子，提醒了很多次都没有改变她的习惯。

【点评】王阿姨的经历表明，良好的卫生习惯对家庭服务人员来说非常重要。许多客户对家庭卫生有很高要求，有的家政服务员没有养成勤洗手、勤收拾等良好的卫生习惯，看似小节，却容易使客户反感，给自己的工作带来阻碍。

二、合理的着装

着装是指穿戴的服饰，合理的着装包含着装色彩、款式、饰物佩戴以及着装时间、地点、场合等方面。家庭服务人员要注意着装得体、舒适、便于劳动。

1. 着装要适应不同场合。家庭服务人员工作时的服装要便于劳动，一般穿工作服，工作时尽量不佩戴饰品。参与客户家庭接待客人时的穿着打扮要大方、得体，可以穿正装，佩戴少量饰品。如果是买菜、购物等公共场合的穿着则要方便、自然，适合穿休闲装等。

2. 着装要适应不同岗位和劳动对象。家政服务员有各种不同岗位，应该根据其岗位的不同劳动对象和特点分别着装。如果是从事家庭日常清洁工作，应穿着耐脏、耐磨、便于劳动的服装，面料一般为工装布料，要求宽大舒适，切忌穿着紧身或丝绸等面料的衣物。如果是从事烹饪等厨房工作，对着装的卫生要求更高一些，应使用一些辅助衣物，如系上专门的围裙或穿上专用的大褂。如果是从事母婴护理或老人护理工作，着装首先就要注重干净整洁，应该避免穿着有油污、灰尘的衣物，尤其是照顾婴幼儿时，不仅衣服要干净，还要注意不能穿着毛衣或容易产生静电的服装，同时不能佩戴戒指、手链等饰物，以免伤到婴幼儿娇嫩的皮肤。

3. 着装要符合一般礼节和搭配原则。家政服务员的着装要保持基本干净，要勤换洗，不能连续多日穿着同一套衣服而不更换，尤其是在夏天，内衣裤、袜子等应当天天洗，避免异味，保持清洁。着装不能过于随意，暴露的低胸装、超短裙、露背露腰装不宜穿着，不能只穿一件单衣而不穿内衣。家政服务员着装要尊重客户家庭的意见，有的客户只要回到家中就会换上拖鞋，还有的对卫生要求高的客户甚至在卧室、洗手间等备有不同的鞋子，那么家政服务员进出也要记得换鞋。如果是在客户家中接待客人，还要记得穿上袜子，不要光着脚招待客人。

家庭服务人员在着装方面应避免以下失误：①工作时穿着累赘的不适于劳动的服装；②在公众场合或家庭会客时穿着睡衣等太随意的服装；③着装过分短小或暴露；④着装过于潮流前卫，或过于破旧而落后于时代。

案例与点评

家政服务员小丁是位二十出头的年轻姑娘，平时很爱漂亮，这几天买了条新裙子，觉得很满意，天天穿着，连在客户家打扫卫生时也穿着，结果擦桌子时不小心桌角剐到了裙边，自己差点摔倒，裙子也撕开了一个口子，让小丁很尴尬。

【点评】小丁的经历表明，合理的着装不仅关系到家庭服务人员的形象，而且还影响家庭服务人员的工作，因此，家庭服务人员一定要根据场合穿着适当的服装，漂亮的衣服可以在劳动之余穿着，工作时要换上适于劳动的服装，做到因时制宜。

三、得体的举止

举止是指人的动作和表情。日常生活中人的一举手一投足，一颦一笑，都可概括为举止。举止是一种不说话的“语言”，一定程度上反映一个人的素质、受教育的程度及能够被别人信任的程度。冰冷生硬、懒散懈怠、矫揉造作的行为，无疑有损于良好的形象。相反，从容大方的动作，给人以清新明快的感觉；端庄含蓄的行为，给人以深沉稳健的印象；坦率真诚的微笑，则使人易于亲近。家庭服务人员在工作交往中应该使自己成为举止得体的人。家庭服务人员在举止上需要做到以下几个方面：

1．姿态大方

家庭服务人员要掌握好基本的姿态，主要包括站姿、坐姿、走姿、蹲姿。站姿要直立，挺胸收腹，腰背挺拔，两脚并拢或者稍微分开但不超过肩宽。站立时不要歪头、缩脖、塌腰，或双手叉腰、手插衣兜、双腿不停抖动、两脚分得太开等，这些站姿会显得不够庄重，给人留下不好的印象。同时，站立时不要不停地扭动身子，东张西望，也不要斜靠着门或墙。坐姿要端正，家庭服务人员如果穿着裙装，入座前要拢好裙摆，以免坐下后“走光”。入座后保持上体正直，双目平视，腿脚不要晃动，不要伸得过长。坐下后不要摇头晃脑、弯腰曲背、摸脚等。走姿要自然，走路时头要正，步子要稳，不要扭腰摆臀。蹲姿要恰当，家庭服务人员经常需要蹲下拿取物品或劳动，下蹲时应该将双腿靠紧，臀部向下。要避免出现两腿张开、低头撅臀等不雅动作。同时，下蹲要注意位置距离，不要在蹲下时碰到别人，也要注意蹲的方向，最好是和他人侧身相向。

2．举止文明

举止文明一是要举止得体。比如家庭服务人员无论是在室内还是在室外，都要注意不能随地吐痰。如果在客户家中要吐痰，应当吐到洗手间等特定地方。如果在室外要吐痰，应当吐到纸上再扔进垃圾桶。二是要注意礼让。比如入座时要注意先后顺序，家庭服务人员不能抢着入座，应让客户或长辈先入座。三是要注意动作声响不要太大。有的家庭服务人员比较粗心且性格急躁，做事容易弄出很大声音，影响了客户的休息或工作。

案例与点评

家政服务员刘阿姨是个急性子，走路风风火火，从客厅走到厨房有时能把地板踩得嘎嘎直响，做起事来也是动静很大，客户批评她说："在厨房忙活的声音，连在书房学习的人都能听得清楚。"刘阿姨觉得有些委屈，这是她多年来养成的习惯，而且她觉得这是小事。

【点评】举止展现形象，细节决定成功。往往一些家政服务员眼里的小事、细节，在客户心中可能很在意。得体的举止很重要，尤其是在别人学习、工作时，要养成轻手轻脚的习惯，以免打扰他人。

3．眼神温和

"眼睛是心灵的窗户"，眼睛能最有效地传递信息和表情达意。家庭服务人员应该了解怎样与人进行目光交流，比如眼神要温和，不要频繁眨眼、挤眉弄眼，否则容易给人轻佻不雅的印象，也不要皱眉瞪眼，让别人觉得难以接近。不能随便盯着别人全身上下打量，这也是不礼貌的行为。

四、文明的交谈

交谈是指用说话的方式与他人交流，主要包括面对面交谈和电话交谈。为了在和别人交谈时达到更好的效果，除了要清楚明白地表达自己的意思外，还要注意一些交谈的文明礼仪。

1．面对面交谈的礼仪要求

（1）学会正确的称谓。称呼是人与人见面后，从认识到交往所面对的第一个问题。家庭服务人员必须掌握正确、恰当的称呼，这是对他人最起码的尊重。首先，完全不知道对方情况的，要用"您"表示尊敬。其次，可以根据对方的性别或年龄选择一个较为笼统的称呼，如王先生、张大姐、李爷爷等。如果是年龄明显比自己小一辈的，可以称呼其姓氏，如称呼为小李等。如果是客户家庭的客人，事先告知相关情况的，可以根据客户的介绍选择恰当的称呼，比如根据头衔称呼为李处长、根据职业称呼为王老师等。

（2）多用礼貌用语。如请、谢谢、您好、对不起等，要养成说文明用语的习惯。

案例与点评

家政服务员王大姐在一个星期的试用期间被客户婉拒，家政服务公司通过电话了解缘由，客户说王大姐很能干且性格直爽，但有时遇到急事会不由自主地说出几句脏话，虽然向她提出意见，可一时半会很难改变。客户家中一个牙牙学语的孩子现在已经无意识地学会了几句脏话，客户害怕这样下去会影响孩子，只能放弃王大姐。

【点评】王大姐的经历表明，语言文明是一名家政服务员素质的重要体现，在家庭服务人员与客户的人际交往中具有十分重要的作用，正如一句老话所说："良言一句三冬暖。"家庭服务人员要想得到客户的好感，赢得客户的尊重，一定要学会使用文明得体的语言。

（3）语气亲切，声音适中。与人交谈时，语气和声音也是必须重视的方面。不论对方的地位高与低，家庭服务人员都应保持一种不卑不亢的态度，语气谦和、自然，声音大小适中。有的人养成了语速很快、声音很大的说话习惯，虽然没有什么恶意，但容易使听者产生一种压迫感而觉得不自在。有时在交谈中出现不同意见，也不应急躁而提高声调。俗话说，"有理不在声高"，可以通过平稳的语调缓和一下情绪，然后委婉地提出自己的意见。

（4）交谈时的眼神、动作、手势要恰当。与人交谈时要保持一定的目光接触，每次对视时间应在 1～3 秒之间。交谈时可以加上一些动作或手势以充分表达自己的感情，如点头、微笑等都是对对方话语的一种肯定，但这些动作都必须恰当自然，不宜过分夸张。

2．电话交谈的礼仪要求

电话已经成为现代社会一种普及率很高的通信工具，电话交谈主要分为接电话和打电话两个方面，家庭服务人员在接打电话时应该做到：

（1）接电话要迅速，主动说"您好"；打电话时要自报家门，也要主动说"您好"，通话时要注意言语文明、声音放低，不要影响他人，挂电话前要主动说"再见"，如果是与长辈通电话，应让对方先挂机。

（2）通话时间不宜太长，要抓住重点，尽量长话短说，尤其是在工作时间，通话时应尽量不超过 3 分钟。

（3）注意打电话的时间和场合。不要在对方休息时间打电话，如早上 7 点以前、晚上 10 点以后一般不要打电话，以免耽误别人休息。在客户家接打私人电话最好回到自己休息的房间，在公共场所通话不要高声，尤其是在影剧院、图书馆等公共场所，最好是到公共区域通话，以免影响周围群众。

（4）如果是使用公用电话或客户家的座机打电话，要注意爱护财物，话筒轻拿轻放。

家庭服务人员在交谈方面应避免以下失误：①与人交谈时满口脏话或乱叫绰号；②与人交谈时左顾右盼或长时间目不转睛地盯着对方；③随意打断别人的谈话；④谈话时遇有不同意见就跟别人争吵；⑤在公共场合大声打电话。

五、礼貌地待客

家庭服务人员需要掌握基本的待客之道。待客一般分为两种情况，一种是客户不在家时，客人没有预约突然来访。在这种情况下，家庭服务人员不要慌乱惊讶，首先应该向客人明确介绍自己的身份，了解客人基本信息，将来客情况及时通知客户，征求客户待客意见。如客户要求家庭服务人员留客，这时家庭服务人员才能请客人进屋，否则未经客户同意或联系不上客户，家庭服务人员都不能擅自接待客人，而应委婉地请客人在客户在家时再来访。

客人进屋后，家庭服务人员应热情招待对方，然后可以一边为客人备上茶水点心，一边与客人简单地聊天寒暄，或打开电视机请客人边看边等客户回来。

另一种是接待已经预约的客人。这时家庭服务人员需要按照客户的要求做好服务工作，基本有以下几点：

（1）提前做好准备。家庭服务人员要记住对方的姓名或称呼，要将客户家布置得干净整洁，营造一个舒适的待客环境。根据客户要求，提前准备点心、烟酒、糖果、菜肴等。除了做好家里的准备工作外，家庭服务人员也应换上适于见客的服装，保持一个大方得体的形象。

（2）热情招待客人。估计来访的客人快要到达时，应提前做好迎接客人的准备，客人到达时，要面带微笑以示欢迎。如果客人中有老人或小孩，应帮着搀扶。引领客人坐下后，要为客人敬茶，一般茶水不应倒得过满，以杯高的 3/4 左右为宜。应为客人递上糖果等，并将果盘放在客人座位前方，以便客人取用。如果客人留下用餐，要引领客人到就餐区，并拉好椅子请客人坐下。就餐时要及时为客人添茶、盛饭，餐后要及时递上纸巾或牙签。

（3）适时回避。家庭服务人员不要在待客过程中坐着倾听客人和客户间的谈话，应该注意适时回避，尤其是当客户和客人进入书房等较为私密的空间并关上房门谈话时，家庭服务人员不要偷听，如果要进去倒茶水，一定要事先敲门。

（4）注意送客礼节。如果客人提出告辞，要等客人起身后再站起来相送。要帮客人留意一下随身携带的衣物或提包有无遗漏。中国人讲究"出迎三步，身送七步"，所以送客应该比迎客更为隆重。

家庭服务人员在待客过程中应避免以下失误：①当着客人的面收拾房间；②用一只手给客人送茶水、饮料或其他食物；③给客人倒茶水时倒得太满，以致茶水溢出茶杯；④在与客人交谈时抢话；⑤客人刚走出门就关门。

思考题

1. 请在以下三组内容中分别找出相匹配的内容并进行正确的连线。

岗位名称：	家政服务员	养老护理	病患陪护	母婴护理		
服务对象：	家庭中的所有成员	病人、患者	老人	孕产妇、婴幼儿		
工作内容：	家庭餐制作	家居保洁	洗涤摆放衣物	生活料理	异常情况应对	饮食照料

2. 家庭服务人员到底应不应该与客户家人在同一张桌子上吃饭

呢？据调查发现，有超过八成的家庭服务人员都不与客户家庭成员同桌吃饭。对此许多家庭服务人员表示不满，有人说自己从来没有和客户家人在同一张桌子上吃过饭，每次都是默默地将饭菜盛好，自己一个人端着碗躲进厨房里，“有一种被歧视的感觉”。也有的家庭服务人员觉得，是否同桌吃饭不会让自己太在意，毕竟这相比于客户的呵斥要好得多。而很多客户觉得，“和家庭服务人员同桌吃饭总觉得不舒服”。因为家庭服务人员毕竟不是自己家里的人，很多事情不方便知道，应该在另一个地方事先或者事后吃饭。对此，你有何看法？

3. 根据自己从事的岗位，结合客户家中的实际情况，认真填写一周主要工作内容（一天的工作按时间先后顺序记录，见表 5）。

表 5　　一周主要工作内容

日期	时间	主要工作内容
星期一		
星期二		
星期三		
星期四		
星期五		
星期六		
星期日		

4. 请在表 6 空格里填写正确的礼貌用语。

表 6　　正确使用礼貌用语

类别	使用场合	举例（三个以上）
问候语	用于见面时的问候	您好、早上好、欢迎您
辞别语	用于分别时的告辞	
答谢语	用于感谢对方	
请托语	用于向别人请教	
道歉语	用于向对方道歉	
征询语	用于向别人问询	
慰问语	用于表示对别人的关心	
祝贺语	用于对别人的道贺	

4 第四章　自觉遵纪守法 有效维护自身合法权益

第一节　认清家庭服务关系　学会签订合同

第二节　了解法律责任　掌握解决争议、维护权益的方法和途径

第三节　家庭服务中发生劳动权益损害的处理

第四节　家庭服务中发生人身权益损害的处理

第五节　家庭服务中发生财产权益损害的处理

权益是指公民受法律保护的权利和相关利益。法律赋予公民平等地享有权利和履行义务，每一个公民能否有效维护自身权益，首要的是看该权益是否具有合法性，同时公民行使权利的行为也必须合法。只有符合法律规定的权利才能受到法律保护。我国宪法和其他法律（如民法、劳动法等）赋予我国公民广泛的权利，例如政治方面的权利、人身方面的权利、财产方面的权利、劳动方面的权利等。在我国，公民人身权和财产权的具体内容及其保护主要由物权法、民法通则、侵权法等民事法律法规规定。公民劳动权的具体内容及其保护主要由劳动法、劳动合同法等劳动法律法规规定。对严重侵犯公民人身权、财产权的行为，社会危害性大，构成犯罪的，依据刑法等刑事法律处罚。家庭服务关系中各方的权利平等地受到法律保护。在家庭服务纠纷中，有关人身权益、财产权益和劳动权益等侵害最为常见。

在家庭服务工作中，家庭服务人员与客户、家政服务公司之间难免会产生各种矛盾和冲突，造成家庭服务人员合法权益受到损害的情况。例如，有的家庭服务人员辛苦工作却不能按时拿到工资；有的家庭服务人员服务的家庭一旦丢失财物，客户首先怀疑家庭服务人员，无端搜身，翻查家庭服务人员个人用品，使其人格尊严受到损害；还有的年轻女性家庭服务人员遭到男性客户的骚扰，哭救无门……面对侵害的威胁，广大家庭服务人员，你们知道怎样避免侵害发生吗？一旦侵害发生，你们又知道采取哪些方式方法来减轻或补救自己的损失吗？

在家庭服务中，也有家庭服务人员损害客户或家政服务公司利益的情况发生。例如，有的家庭服务人员和客户或家政服务公司签订了合同，往往干不了几天就无故不辞而别，让一纸合同变成废纸；有的家庭服务人员在照顾客户的小孩或重病的老人时，不尽职尽责，甚至发生伤害孩子和老人的恶性事件……这些事件为什么会屡见不鲜，广大家庭服务人员，你们想过其中的原因吗？

事实上，无论是家庭服务从业人员权益被侵害，还是他们侵害了客户或家政服务公司的利益，归根结底，警醒我们大家的是：每个家庭服务从业人员必须培养和提高自身的法律意识。只有加强守法意识，提高个人道德素质，学会依法办事，规范自身行为，用法律武器维护自身合法权益，家庭服务从业人员、家庭服务行业才能真正实现和谐、有序发展。

第一节 认清家庭服务关系 学会签订合同

家庭服务从业人员、客户、家政服务公司通过家庭服务关系相互联系在一起，在为客户提供家庭服务过程中，三者之间所发生的种种权益纠纷的责任划分及其解决，都离不开对家庭服务关系性质的认定，尤其是当发生劳动权益争议时，能否有效保障自身劳动权益，合同是重要的法律依据。所以，认清家庭服务关系，学会签订合同，是每一个准备从事家庭服务工作或正在从事家庭服务工作的人必须具备的知识和技能。

目前，家庭服务从业人员、客户、家政服务公司三者之间可以形成两种不同的家庭服务关系，即非员工制家庭服务关系和员工制家庭服务关系。在这两种关系中，家庭服务从业人员享有的劳动权利和承担的劳动义务的法律依据有所不同，维权的方式也有所不同。另外，尽管家庭服务从业人员享有的人身权益和财产权益不会因家庭服务关系的不同而不同，但其责任划分、维权途径等却与之有着密切的关系。本节重点从劳动权益角度加以分析。

一、非员工制家庭服务关系

1．基本服务关系

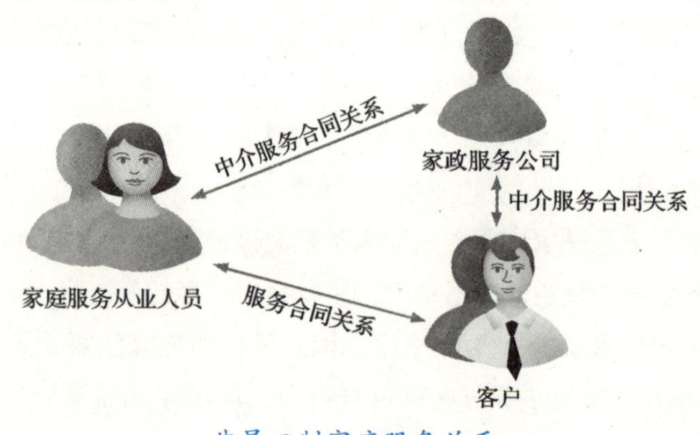

非员工制家庭服务关系

所谓非员工制，就是家庭服务从业人员经家政服务公司介绍，与客户直接约定服务内容和服务报酬等事项，签订服务合同，家政服务公司向客户、家政服务员收取中介费的一种服务形式。非员工制下，家庭服务从业人员、家政服务公司、客户三者之间的关系包括：

一是家庭服务从业人员与客户签订服务合同，建立服务合同关系。

二是家政服务公司与客户签订中介合同，形成中介服务合同关系。

三是家政服务公司与家庭服务从业人员签订中介服务合同，形成中介服务合同关系。

非员工制家庭服务关系实质上是家庭服务从业人员与客户建立的服务合同关系，该关系由合同法等民事法律法规调整。

2．劳动权利和义务

非员工制下，家庭服务人员所享有的劳动权利和应履行的劳动义务是由宪法赋予的。具体的服务内容、权利和责任由家庭服务人员与客户以合同形式约定，但合同约定内容不得违背宪法和合同法等法律规定。劳动法不适用于非员工制家庭服务关系。

相关链接

1995年1月1日生效的《劳动法》第2条第1款规定：“在中华人民共和国境内的企业、个体经济组织和与之形成劳动关系的劳动者，适用本法。”本条是对劳动法适用范围的界定，个人和家庭不属于企业、个体经济组织等用人单位，因此客户（个人和家庭）与家庭服务从业人员之间的家庭服务关系不在劳动法调整范围之内。依据2008年1月1日实施的《劳动合同法》第2条的规定，劳动合同法适用范围坚持了劳动法所确立的适用范围，客户与家庭服务从业人员之间的家庭服务关系也不在劳动合同法调整范围之内。

因此，非员工制下，家庭服务从业人员与客户之间的家庭服务关系由宪法和相关民事法律法规（例如民法通则、合同法等）调整。

（1）劳动权利

依据我国宪法和相关法律的规定，家庭服务从业人员与其他劳动者一样，享有以下劳动权利：①取得劳动报酬的权利；②休息休假的权利；③获得劳动安全卫生保护的权利；④司法保护请求权；⑤服务合同约定的其他权利。

案例与点评

李阿姨是于先生通过家政服务公司请来家里做家政服务工作的，已经干了半年多。当初双方在待遇和休息问题上说得很清楚，一个月休息两天，没想到李阿姨这几天冷不丁地要求加薪，并要求按照劳动法规定享有周末休息权。“加薪已经是额外要求了，怎么还要享受周末休息权？”于是，于先生拒绝了李阿姨的要求。那么，李阿姨到底能否依据劳动法的规定要求享有周末休息权呢？

【点评】本案例中，李阿姨享有休息休假权，这是宪法赋予李阿姨的权利。但是李阿姨不能依据劳动法的规定要求周末休息。这是因为李阿姨和于先生直接签订的服务合同，属于非员工制家庭服务关系，其权利和义务依据合同法规定由双方约定，而不能适用劳动法规定。所以，于先生和李阿姨之前在服务合同中约定了一个月休息两天的条款，这一条款没有违反法律关于劳动者享有休息权的规定，同时也取得了李阿姨的同意，所以合同有效。

如果李阿姨对当初的约定不满意，现在要求更改，只能与于先生再次协商约定。如果于先生拒绝了李阿姨的要求，即没有达成新的约定，当初的约定仍然有效，李阿姨必须遵守。

通过对上述案例的分析，我们应该明确：非员工制下，家庭服务从业人员享有取得劳动报酬权、休息休假权等劳动权利的依据是宪法。但具体到每个月可以获得多少报酬、休息几天，是由双方约定，而不是依据劳动法的相关规定。对于有效的约定，双方应该全面遵守履行。

（2）劳动义务

我国宪法规定，任何公民享有宪法和法律规定的权利，同时必须履行宪法和法律规定的义务。家庭服务从业人员与其他劳动者一样，在享有劳动权利的同时，必须依法履行相应的劳动义务。它们是：

1）按时完成劳动任务。家庭服务从业人员应该在服务合同规定的时间内保质保量完成劳动合同规定的全部工作。

2）提高职业技能。家庭服务从业人员应该努力学习业务知识，提高专业技能，为客户提供优质的服务。

3）执行劳动安全卫生规程。家庭服务从业人员在工作过程中必须严格遵守安全操作规程，必须执行相应的卫生标准，维护自身和客户的安全。

4）遵守劳动纪律和职业道德。劳动纪律是家庭服务从业人员在工作中应该遵守的规则和秩序，它要求家庭服务从业人员必须按照规定的时间、质量、程序和方法完成自己的工作任务。遵守劳动纪律有利于维护家庭服务从业人员自身的安全和客户的安全，因此，家庭服务从业人员应该主动自觉地遵守劳动纪律。职业道德是家庭服务从业人员在工作中应该遵守的与家庭服务工作紧密相连的道德规范和原则的总和，它要求家庭服务从业人员遵纪守法，热爱自己的工作，以勤恳踏实的态度对待工作，在工作中实事求是、信守诺言并努力实现诺言。

5）服务合同约定的其他义务。家庭服务从业人员可以与客户协商约定和工作相关的义务，一旦约定，家庭服务从业人员必须全面履行。

3．服务合同

（1）服务合同的含义

家庭服务从业人员通过中介或亲朋好友介绍到客户家从事家政服务，与客户就工作内容、劳动报酬等事项有一个口头或书面约定，这个约定就是服务合同。所以，服务合同是家庭服务从业人员与客户之间确立服务合同关系、明确双方权利和义务的协议。协议的形式可以是书面的，也可以是口头的。但为避免口说无凭，稳妥的做法是签订书面服务合同。

提示：发生服务争议时，服务合同是解决争议的法律依据。因此，家庭服务从业人员要重视服务合同的订立。全面详尽的服务合同内容可以减少争议发生。

（2）服务合同的内容

一般来说，服务合同应当包含以下内容：

1）当事人的姓名和住所。包括客户和家庭服务从业人员的姓名、身份证号、住址、联系电话等。

2）服务内容与要求。包括干什么工作（如一般家务服务，或照料孕产妇和新生儿，或照料小孩、老人、病人）、工作具体内容和要求（如数量、质量）等。越详细明确，客户和家庭服务从业人员越容易“照章办事”。

3）服务地点、方式、期限。包括具体的工作地点、具体的服务方式（如钟点工、全日制、住家型）、服务工作的起止时间等。

4）费用及其支付方式。包括服务报酬的标准、报酬的支付形式和支付期限等。

5）双方的权利义务。包括服务安全、休息休假、请假等问题。

6）保险及责任承担。包括保险的种类、保险费的数额和责任承担等。

7）合同的解除。即合同解除的具体情形。

8）违约责任。即没有履行合同或没有完全按照合同的要求履行合同应该承担的责任。

9）争议解决方式。合同双方发生纠纷选择解决争议的方式，包括由相关部门进行调解或协议仲裁或诉讼等。

（3）服务合同生效的条件

家庭服务从业人员与客户在服务合同上签字后，该服务合同立即成立。但该合同是否有效，或者说法律是否承认和保护该服务合同，还要看该服务合同是否具备合同生效的条件。依据相关法律的规定，合同生效要具备三个条件：

1）当事人缔约时有缔约能力。即签订服务合同时，家庭服务从业人员和客户均为年满 18 周岁、智力正常的完全民事行为能力人。

2）意思表示真实。即签订服务合同时，家庭服务从业人员和客户没有故意隐瞒自己的真实情况，没有欺诈、胁迫对方，所表达出来的意思就是内心的愿望。

3）不违反国家法律法规和社会公共利益。即服务合同的内容不违反国家法律法规，不损害国家利益、社会利益和他人利益。

（4）签订服务合同的注意事项

1）一定要签订书面服务合同，一式两份，客户保留一份，家庭服务人员自己保留一份。家庭服务人员切记要妥善保管好自己的这份服务合同，一旦发生争议，才能有据可查。

案例与点评

刘阿姨是赵先生通过朋友介绍雇用的家政服务员。刘阿姨鉴于上次没有与客户签书面合同，客户说辞退自己就辞退了，自己没有任何说话的余地。于是，这次与赵先生签了书面合同。合同中有一项条款要求刘阿姨有健康证，合同期限为两年。赵先生家的事情不多，刘阿姨很珍惜这份工作，很想多干几年。可是才干了两个月，赵先生发现刘阿姨常常咳嗽并痰里带血，后来有证据证明刘阿姨提供的健康证是伪造的，便坚决辞退了刘阿姨。刘阿姨认为签了书面合同，赵先生不能辞退自己。那么，赵先生可以辞退刘阿姨吗？

【点评】在本案例中，刘阿姨刻意隐瞒自己有病的真实情况，提供伪造的健康证，致使赵先生与她签订服务合同。这份合同是可以撤销的。撤销后这份合同无效，赵先生可以辞退刘阿姨。但刘阿姨已经干了两个月的工作，赵先生应该支付相应的工资。

通过这个案例，让我们明白这样一个道理：只有有效的服务合同才能保证家庭服务人员和客户双方的利益，而有效的服务合同必须在双方当事人意思表示真实的基础上签订，否则任何欺诈和胁迫行为都将导致合同无效，有过失的一方将承担不利后果。

2）在合同签订之前，一定要仔细阅读服务合同内容，了解双方的权利义务，有不理解或不能接受的事项，一定要及时提出来，并与客户协商解决。

3）如果没有签订书面服务合同，而是口头约定服务内容，那么要留下口头约定的证据。例如双方谈条件的时候有其他人在场，这里所指的其他人就是证人。

4）不要向家政服务公司或客户交任何押金，也不要将自己的身份证或其他证件交给家政服务公司或客户扣押（家政服务公司或客户无权扣押这些证件）。

案例与点评

蔡大姐通过熟人介绍在黄阿姨家从事家政服务已有两年，一直没签过合同。一天，蔡大姐领着黄阿姨4岁的孙子玩耍时，被孩子无意打伤背部，需要请假看病。此时，黄阿姨却辞退了蔡大姐。那么，黄阿姨可以单方面终止服务关系吗？

【点评】法律规定，没有订立服务合同，双方均可随时终止服务关系。由于蔡大姐和黄阿姨一直没有签订服务合同，所以双方都可以随时终止服务关系。因此，黄阿姨可以辞退蔡大姐。但蔡大姐被黄阿姨的孙子打伤背部所造成的医疗费应该全部由黄阿姨支付，这一点与是否签订合同无关。

这是一个典型的因家庭服务从业人员法律意识不强，没有与客户签订服务合同而造成自身权益无法保障的案例。它给我们一个深深的启发，那就是做家政服务工作，一定要与客户签订服务合同，最好是书面合同。将服务期限、劳动报酬、休息休假等相关事项明确写入合同里，合同签字生效后，任何一方不能随意改变合同内容，否则要承担相应的法律责任。

相关链接

关于服务合同上海经验

2011年5月推出的《上海市家政服务合同示范文本（2011版）》，首次在一份合同中融合了家政服务员与客户的家政服务关系以及家政服务员、客户与家政服务机构之间的中介服务关系，方便签约。

该合同明确了三方责权关系：客户有权要求服务员提供真实身份信息、有效体检合格证及家政等级培训证明；家政服务机构应为家政服务员提供岗前培训，实行跟踪管理、监督指导，核实并建立家政服务员职业信息档案；家政服务员不得泄露客户家庭信息或未经允许带人进入客户家中。合同中还首次出现了保险及责任承担条款，三方可在自愿的基础上确定购买家政服务责任保险和家政服务员意外综合保险的种类。合同还明确，家政服务员从事家政服务时发生意外事故，要求客户及时采取必要的救治措施，并把客户和家政服务员双方有恶性传染病或精神疾病未告知对方以及双方存在恶意刁难、虐待等行为列入解除合同的范围。

上海经验可供家庭服务从业人员签订合同时借鉴。

4．涉及的保险

非员工制家庭服务从业人员虽然不能享受企业为自己缴纳“三险”，但国家已经颁布了《社会保险法》（自2011年7月1日起生效），家庭服务人员可以自行参加社会保险，以实现自己的基本养老和医疗保障。对于工作中发生的意外人身财产损失，家庭服务人员可以通过购买商业保险的方式来降低风险。

（1）基本养老保险

《社会保险法》和国办发[2010]43号文件规定如下：

城镇户籍家政服务员：以灵活就业人员身份，自愿参加城镇企业职工基本养老保险，由个人缴纳基本养老保险费。

农业户籍家政服务员：参加新型农村社会养老保险，新型农村社会养老保险实行个人缴费、集体补助和政府补贴相结合。也可以灵活就业人员身份，自愿参加城镇企业职工基本养老保险，由个人缴纳基本养老保险费。

参加基本养老保险的个人，达到法定退休年龄时累计缴费满15年的，按月领取基本养老金。达到法定退休年龄时累计缴费不足15年的，可以缴费至满15年，按月领取基本养老金；也可以转入新型农村社会养老保险或者城镇居民社会养老保险，按照国务院规定享受相应的养老保险待遇。

（2）基本医疗保险

《社会保险法》和国办发[2010]43号文件规定如下：

城镇户籍家政服务员：以灵活就业人员身份，自愿参加城镇职工基本医疗保险或城镇居民基本医疗保险。参加城镇职工基本医疗保险，由个人按照国家规定缴纳基本医疗保险费。

农业户籍家政服务员：参加新型农村合作医疗，或以灵活就业人员身份，自愿参加城镇职工基本医疗保险或城镇居民基本医疗保险。

（3）商业保险

无论是家庭服务从业人员在客户家受伤还是客户因为家庭服务从业人员失误遭受损失，高额的医疗费、补偿费用使家庭服务从业人员和客户都难以承受。此时，购买商业保险是最好的选择，能让双方的权益得到有效保障。

商业保险是由专门的保险企业经营，当事人自愿缔结保险合同，投保人根据合同约定，向保险公司支付保险费，保险公司根据合同约定的可能发生的事故所造成的损失承担赔偿保险金的责任。例如意外事故保险、家政服务保险，投保人一年交纳几十元或上百元保险费，一旦发生意外事故，可以得到2万元到十几万元的赔偿金。保险费协商负担，可以由客户交纳，也可以由家政服务公司交纳，还可以由家政服务公司、客户、家庭服务从业人员共同分担。

案例与点评

红梅下岗后一直做家政服务员，2009年10月19日为了帮做保险的朋友刘姐增加业务，自己花60元钱买了一份意外事故保险。2010年1月25日，红梅在王老太家清理厨房抽油烟机油污时，不小心从凳子上摔倒在地，右腿骨折，花去医药费9 000多元。红梅要求王老太承担全部医疗费，可是王老太靠退休金生活，自己也经常看病吃药，家境不富裕，经过多次协商，王老太勉强拿出2 000元赔偿金。后来，红梅想起自己去年买了一份意外事故保险，于是打电话给刘姐告知意外摔伤的情况。刘姐立即到红梅家了解事故详情，评估伤情和医药费单据及其他相关凭证。几天后，红梅拿到了保险公司给付的5 000多元的保险金。

【点评】本案例中，红梅因为购买了意外事故保险，在发生意外事故后，能最快速方便地从保险公司获得保险赔偿，从而降低了自己的损失。通过这个案例，我们明白了这样一个道理：花少量的钱，购买意外事故保险或家政服务保险，不发生事故最好，这少量的钱花了也不影响我们的生活质量，一旦发生事故，保险公司给付的保险金能帮助我们渡过难关，降低损失。所以，我们应该主动为自己买一份相关保险，以规避风险。

相关链接

深圳“家政服务综合保险”

2009年12月，深圳市家政协会和平安保险深圳分公司联合推出了国内首创的“家政服务综合保障保险体系”。“家政服务综合保障保险”于2010年1月1日在深圳家政服务行业实施。

客户在与家政服务公司签订家政服务合同时，将附带家政服务综合保障保险，它涉及三个范围：一是家政服务员在客户家中从事服务工作时因意外造成的伤残、身故及相关医疗费用；二是家政服务员因过失造成客户的人身伤亡及财产损失；三是家政服务员突发疾病48小时内的抢救费用。

举例来说，客户周先生与家政服务员小王所在的某家政服务公司签订了一年的家政服务合同，并办理了家政服务综合保障保险。有一天，小王在做饭时，因对燃气灶操作不当引起大火，自己被烧伤，同时也伤及旁边的周先生，这时就可以联系保险公司工作人员。他们上门现场取证后，确认是因为小王在从事家政服务过程中，因失误造成了人身伤害及财产损失，保险公司会对客户和家政服务员双方的人身伤害和财产损失进行赔付。

提示：家庭服务从业人员与客户签订服务合同时，可以协商请客户为自己购买意外事故保险，或者自己主动购买一份意外事故保险，做到“防患于未然”。

二、员工制家庭服务关系

1．基本服务关系

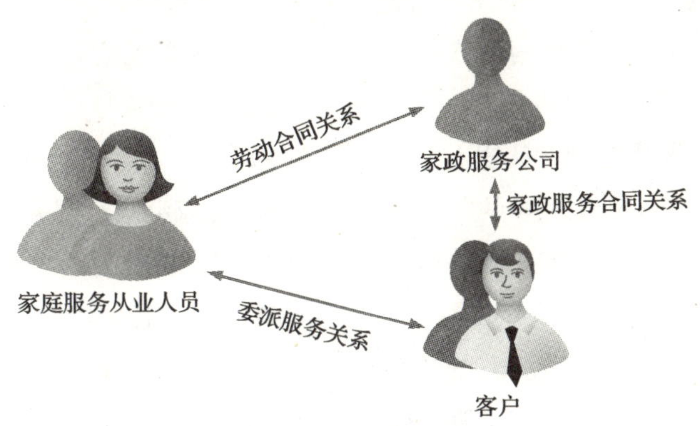

员工制家庭服务关系

所谓员工制家庭服务关系，是指家庭服务从业人员成为家政服务公司的员工，按照公司的安排到客户家服务，而客户和家政服务公司签订家政服务合同，不与家庭服务从业人员直接发生合同关系的一种服务形式。员工制下，家庭服务从业人员、家政服务公司、客户三者之间的关系包括：

一是家庭服务从业人员与家政服务公司签订劳动合同，建立劳动合同关系。

二是家政服务公司与客户签订家政服务合同，形成家政服务合同关系。

三是家庭服务从业人员接受家政服务公司的委派，与客户形成委派服务关系。

员工制家庭服务关系仅指家庭服务从业人员与家政服务公司建立的劳动合同关系。其由我国劳动法律法规调整。

2．劳动权利和义务

（1）劳动权利

依据宪法、劳动法、劳动合同法等相关法律的规定，家庭服务从业人员享有以下劳动权利：

1）取得劳动报酬的权利。作为家政服务公司的员工，在劳动合同履行期间，按照公司的安排进行工作，有取得劳动报酬的权利。工资待遇由公司按相关制度定级，即使一段时期家庭服务人员没有客户时也要发给基本工资，实行最低工资保障。员工休息日需要加班的，或安排补休，或支付不低于工资的200%的劳动报酬；法定休假日需要加班的，或安排补休，或支付不低于工资的300%的劳动报酬。

2）休息休假的权利。依据《劳动法》第38条的规定，用人单位应当保证劳动者每周至少休息一天。第40条规定，用人单位在法定节日期间应当依法安排劳动者休假。但是，需要特别说明，由于家政服务行业比较特殊，实践中难以完全执行上述规定。例如住家型家政服务员，何时上班、何时工作无法界定，要执行一天8小时工作、周末休息的作息时间是很不现实的。所以，国家相关部门正在酝酿制定专门针对家政服务行业的相关规定。在针对家政服务行业的相关规定出台之前，家庭服务从业人员具体的休息休假应该与家政服务公司协商约定。该约定既要符合家政服务行业的特殊性，又不能侵害家庭服务从业人员享有休息休假权。

3）获得劳动安全卫生保护的权利。依据《劳动法》第54条、第55条、第56条的规定，家政服务公司必须为相关家庭服务从业人员提供符合国家规定的劳动安全卫生条件和必要的劳动防护用品，对从事特种作业的家庭服务从业人员必须进行专门培训。例如，对于从事高空保洁的工作，家政服务公司要对相关员工进行培训并提供必要的劳动防护用品和措施。家庭服务从业人员对家政服务公司的相关人员违章指挥、强令冒险作业，有权拒绝执行；对危害生命安全和身体健康的行为，有权提出批评、检举和控告。

4）接受职业技能培训的权利。依据《劳动法》第 66 条至第 69 条的规定，家庭服务从业人员有权参加国家、相关机构、家政服务公司举办的职业培训，提高自己的职业技能。家庭服务工作是技术工种，上岗前必须经过培训，家政服务公司有义务提供岗前培训。家庭服务从业人员有权参加家庭服务行业相关职业资格考试，经人力资源社会保障部门及其他相关机构考核，符合相关条件的，取得职业资格证书。

5）享受社会保险和福利的权利。家政服务公司应该为家庭服务从业人员缴纳养老保险、医疗保险、失业保险，有条件的还应该缴纳住房公积金。家政服务公司应该创造条件，提高家庭服务从业人员的福利待遇。

6）提请劳动争议处理的权利。家庭服务从业人员的劳动权益受到侵害，有权依法申请调解、仲裁、提起诉讼，也可以协商解决。

7）劳动合同约定的其他权利。家庭服务从业人员与家政服务公司还可以根据具体工作和自身情况，通过合同约定其他相关权利。

分组讨论非员工制和员工制下，家庭服务从业人员的劳动权利有哪些异同。并谈一谈各自对非员工制和员工制对家庭服务人员权利保障的感想。

劳动权利	非员工制	员工制
1. 法律依据		
2. 取得劳动报酬的权利		
3. 休息休假的权利		
4. 获得劳动安全卫生保护的权利		
5. 接受职业技能培训的权利		
6. 享受社会保险和福利的权利		
7. 保护请求权		
8. 劳动合同约定的其他权利		

（2）劳动义务

家庭服务从业人员在享受权利的同时，还必须依法履行以下义务：按时完成劳动任务、提高职业技能、执行劳动安全卫生规程、遵守劳动纪律和职业道德、劳动合同约定的其他义务。员工制与非员工制下家庭服务从业人员应履行的劳动义务基本一致。

3．劳动合同

（1）劳动合同的含义

家庭服务从业人员一旦被家政服务公司录用，会与家政服务公司签订一个协议，确立自己与家政服务公司之间的劳动关系，明确双方权利和义务，这个协议就是劳动合同。依据《劳动合同法》第16条的规定，劳动合同是劳动者与用人单位之间确立劳动关系、明确双方权利和义务的协议。

（2）劳动合同的内容

依据《劳动合同法》第17条的规定，劳动合同应当具备以下内容：

1）用人单位的名称、住所和法定代表人或者主要负责人；

2）劳动者的姓名、住址和居民身份证或者其他有效身份证件号码；

3）劳动合同期限；

4）工作内容和工作地点；

5）工作时间和休息休假；

6）劳动报酬；

7）社会保险；

8）劳动保护、劳动条件和职业危害防护；

9）法律、法规规定应当纳入劳动合同的其他事项；

10）约定内容。包括试用期、培训、保守秘密、补充保险和福利待遇等其他事项。

其实，无论是非员工制的服务合同还是员工制的劳动合同，合同基本内容是一样的，例如都要有双方当事人的基本情况、工作内容、工作地点和工作时间、休息休假、报酬等事项。如果一份合同缺少上述基本内容，双方当事人履行合同就有困难。劳动合同还必须有社会保险内容，这是员工制家庭服务从业人员依据劳动法享有的权利（在后面将详细介绍）。另外，服务合同、劳动合同都可以根据合同双方的具体情况约定内容。

一般来说，家政服务公司会依据相关法律法规、相关工作及本公司的具体情况，事先拟定劳动合同文本，这是法律允许的。如果家庭服务从业人员对家政服务公司的劳动合同有不同意见，可以与家政服务公司协商，如果家政服务公司不同意家庭服务从业人员的意见，家庭服务从业人员可以选择不签订该劳动合同。

（3）无效劳动合同

依据《劳动合同法》第 26 条的规定，以下劳动合同是无效的：例如家政服务公司胁迫家政服务员签订的劳动合同、家政服务员隐瞒自己的真实情况或欺骗家政服务公司而签订的劳动合同无效。又如家政服务公司提供的劳动合同中有“发生意外事故概不负责”等免除自己的法定责任，排除家政服务员权利的条款，尽管家政服务员在合同上签字，但这种合同也是无效的。还有违反法律、行政法规强制性规定的劳动合同也无效。

劳动合同被确认无效，合同中没有履行的义务可以不履行。但家政服务员已付出劳动的，家政服务公司应当向家政服务员支付劳动报酬。

劳动合同是否无效，不能由当事人自己确定，否则会对合同的合法履行构成威胁。依据《劳动合同法》第 26 条的规定，“对劳动合同的无效或者部分无效有争议的，由劳动争议仲裁机构或者人民法院确认”。即家庭服务从业人员和家政服务公司对其之间签订的劳动合同是否有效执不同意见时，该劳动合同的效力只能由劳动争议仲裁机构或者人民法院确认。

案例与点评

李小静从老家来北京做保洁工 3 年了，听同伴说某家政服务公司保洁工的工资比较高，于是她在服务合同到期后，随即与某家政服务公司签订了劳动合同。该劳动合同中有“发生伤亡事故本公司概不负责”的条款。李小静自恃年轻力壮，而且保洁工作干了 3 年，虽然工作中偶尔有点擦破皮的事情，但没有出过大的伤亡事故。抱着侥幸心理，李小静在合同上签了字。3 个月后，李小静在工作中由于缺乏必要的保护措施不慎从高处滑落坠地，摔成重伤，经医院抢救无效死亡。该公司以劳动合同中规定“发生伤亡事故本公司概不负责”条款为由，拒绝李小静家属的赔偿要求。李小静家属遂向该公司所在地劳动争议仲裁机构提出仲裁申请，要求该公司承担工伤事故责任，并支付有关费用。

劳动争议仲裁机构认为，李小静与该家政服务公司之间形成了劳动关系，李小静在工作中伤亡，属于因工死亡，家政服务公司对因工死亡的李小静负有赔偿责任，劳动合同中的“发生伤亡事故本公司概不负责”条款是违反劳动法规定的，因此不具有法律效力。经调解，双方达成如下协议：该家政服务公司支付医疗费、丧葬费及直系亲属供养费等各项总计129 700元。

【点评】李小静虽然自愿在与家政服务公司签订的劳动合同上签了字，但合同中的“发生伤亡事故本公司概不负责”条款是该公司免除自己法定责任的条款，明显违反了法律规定，严重侵害了李小静的劳动权益，属于无效条款，对李小静没有约束力。其他类似如“公司不负责缴纳社会保险费”等违反国家法律法规的条款，都属于无效条款。所以，家庭服务从业人员可以向家政服务公司所在地劳动争议仲裁机构申请仲裁或者向法院提起诉讼，确认这些条款无效，并要求家政服务公司承担相应责任。

（4）签订劳动合同的注意事项

1）一定要签订书面劳动合同，一式两份，家政服务公司保留一份，家庭服务人员自己保留一份。家庭服务人员切记要妥善保管好自己的这份劳动合同，一旦发生争议，才能有据可查。

2）在合同签订之前，一定要仔细阅读劳动合同内容，了解双方的权利义务，有不理解或不能接受的事项，一定要及时提出来，并与家政服务公司协商解决。

3）不要向家政服务公司交任何押金，也不要将自己的身份证或其他证件交给家政服务公司扣押。《劳动合同法》第9条规定，用人单位招用劳动者，不得扣押劳动者的居民身份证和其他证件，不得要求劳动者提供担保或者以其他名义向劳动者收取财物。

4）家庭服务从业人员不仅要关心自己与家政服务公司签订的劳动合同，同时还应该关注家政服务公司与客户签订的家政服务合同的内容。因为该合同涉及有关家庭服务从业人员在客户家工作、休息、安全等重要信息。

案例与点评

李阿姨是某家政服务公司的月嫂，公司委派她到张先生家照顾刚生完孩子的张太太。到张家后，张先生告诉李阿姨，晚上不需要她照顾婴儿，但要做午饭和晚饭，张先生午餐和晚餐要回家吃。李阿姨立即说，自己是月嫂，只照顾产妇和婴儿，不管做饭。张先生说，自己与家政服务公司签合同时，在工作内容中特别注明了晚上不照顾婴儿，要做中、晚两顿饭。李阿姨打电话给家政服务公司，公司相关主管说，合同内容确实如张先生所说。当时公司认为减掉晚上照顾婴儿的工作，加上做两顿饭的工作，一减一加还算相当。现在合同已签字生效了，不履行合同，公司要承担违约责任。公司说李阿姨应该在委派时提出不去，那么公司可以派其他月嫂去张家，现在公司的月嫂都派出去了，要求李阿姨坚持工作一个月。

【点评】 由于李阿姨没有关注张先生与家政服务公司签订的合同内容，导致自己工作被动。本案例告诉我们，员工制下的家政服务员虽然不与客户签合同、不由客户发工资，但我们是在客户家工作，由于客户与家政服务公司签订的家政服务合同里涉及大量的家政服务员的权利与义务，如工作内容、休息休假等，所以我们必须关注和了解客户与家政服务公司签订的合同内容。

相关链接

2006 年，北京出台《北京市家政服务合同（员工管理全日制类）》。对家庭服务从业人员关心的休息休假、加班工资等问题有明确规定，如客户应保证家政服务公司的家政服务员（住家型）每月 4 天的休息时间和每天基本的睡眠时间，并保证其食宿。在双休日以外的国家法定节假日确需家政服务员正常工作的，要给予适当的加班补助，或在征得家政服务员同意的前提下安排补休。又如家政服务员如果出于故意或者出现重大过失而给客户造成损失，家政服务公司应该承担责任。

2008 年，深圳出台《深圳市家政服务合同示范文本（员工制服务类）》。规定凡家政服务公司的从业人员，均属劳动关系的范畴，应当与家政服务公司签订劳动合同，并要求家政服务公司依法为其办理养老保险、医疗保险、工伤保险等各项社会保险。对家庭服务从业人员休息休假也做了类似于北京的规定。

4．社会保险

（1）社会保险的含义

劳动法规定劳动者享有获得社会保险的权利。社会保险主要包括养老保险、医疗保险、失业保险、工伤保险、生育保险和住房公积金，简称“五险一金”。按照劳动法的规定，企业应该为员工缴纳“五险一金”。其中养老保险、医疗保险、失业保险、住房公积金的费用由企业和个人共同负担，工伤保险、生育保险的费用全部由企业负担。

（2）三险享受的待遇

目前，家政服务公司主要为员工缴纳三险，即养老保险、医疗保险、失业保险。

1）养老保险享受待遇。累计缴纳养老保险费15年以上，并达到法定退休年龄，可以享受养老保险待遇。

一是按月领取、按规定计发的基本养老金，直至死亡。

二是死亡待遇。发放丧葬费、一次性抚恤费；符合供养条件的直系亲属生活困难补助费，按月发放，直至供养直系亲属死亡，或按当地上年度职工平均工资6个月发放。

2）医疗保险享受待遇。参保人员生病治疗，无论是门诊、急诊还是住院，医疗费超过医保起付线的费用由医疗保险基金给予支付。关于医保起付线，各个地区有所不同。注意：非因公交通事故，医保是免责的。

3）失业保险享受待遇。主要包括以下五部分：

一是失业保险金。指失业保险经办机构按规定支付给符合条件的失业人员的基本生活费用，它是最主要的失业保险待遇。

二是领取失业保险金期间的医疗补助金。

三是领取失业保险金期间死亡的失业人员的丧葬补助金和其供养的配偶、直系亲属的抚恤金。

四是领取失业保险金期间接受职业培训、职业介绍的补贴。补贴的办法和标准由各省、自治区、直辖市人民政府规定。

五是国务院规定或者批准的与失业保险有关的其他费用。

依照《失业保险条例》的规定，同时具备下列条件的人员，可以领取失业保险金：①按规定参加失业保险，所在单位和本人已按照规定履行缴费义务满1年的；②非因本人意愿中断就业的；③已办理失业登记，并有求职要求的。

相关链接

2011年5月，由北京市人社局等7家单位联合发布了《北京市关于鼓励发展家政服务业的意见》(简称“家七条”)，明确北京市将重点鼓励发展员工制家政服务企业，将员工制家政服务员纳入劳动合同法管理范畴，签订劳动合同，参加社会保险。经认定符合条件的员工制家政服务企业，在与家政服务员签订劳动合同期限内，享受养老、医疗、失业保险补贴，补贴标准为企业实际缴纳社保费的50%，补贴期限不超过5年。

第二节　了解法律责任　掌握解决争议、维护权益的方法和途径

在工作或生活中，如果自己的权益受到侵害，家庭服务从业人员是否知道侵权人应该承担何种责任呢？或者说家庭服务从业人员能够要求侵权人承担怎样的责任呢？如果家庭服务从业人员侵害了客户或家政服务公司的合法权益，又要承担哪些责任呢？要解决这些问题，首先需要了解什么是法律责任。

一、了解法律责任

简单地说，法律责任是行为人由于违法行为、违约行为或者由于法律规定而应承受的某种不利的法律后果。法律责任分为民事责任、行政责任、刑事责任、违宪责任和国家赔偿责任五种。在诸多法律责任中，与家庭服务从业人员关系比较紧密的是民事责任和刑事责任。

1．民事责任

民事责任是行为人违反民事法律行为、合同违约行为或民事法律规定而应该承受的法律后果。民事责任主要包括侵权责任和违约责任。

（1）侵权责任

侵权责任是指因实施侵权行为而应承担的民事责任。例如家庭服务从业人员为客户打扫卫生时，不小心将客户的花瓶打碎，打碎花瓶的这

一行为就是侵权行为，侵犯了该客户对花瓶的财产所有权，家庭服务从业人员是侵权行为人，因此应承担的法律后果是侵权责任。

依据我国《侵权责任法》第 15 条的规定，承担侵权责任的方式主要有：

1）停止侵害。即责令侵权人停止正在进行的违法行为。

2）排除妨碍。即排除侵权行为给权利人正常行使权利所造成的妨碍。

3）消除危险。消除因侵权行为人的行为而造成他人财产或人身损害或者扩大损害的危险。

4）返还财产。侵权行为人将非法侵占的财产返还给权利人。当权利人的财产被侵害人非法侵占时，权利人有权要求侵害人返还财产。只有当返还财产已不可能时，才能采取赔偿损失的责任形式。

5）恢复原状。指将损坏的财产修复，即损坏他人财产的，侵害人应当将被损坏的财产修复。

6）赔偿损失。侵权行为人支付一定的金钱或实物赔偿因其侵权行为而给他人造成的损害。赔偿损失的民事责任在现实案件中比较复杂，我们将在本章第三节和第四节进一步学习。

7）赔礼道歉。侵权行为人向受害人公开承认错误，表示歉意。赔礼道歉虽然不能对侵害人的财产造成任何影响，但对化解矛盾、解决纠纷具有不可替代的作用。赔礼道歉可以采取口头道歉的方式，也可以采取书面道歉的方式，如张贴公开信、登报道歉等。

8）消除影响、恢复名誉。消除影响是指侵权行为人侵害了他人的人身权而造成不良影响，应当消除这种不良后果；恢复名誉是指侵权行为人侵害了他人的名誉权而将受害人的名誉恢复至未受侵害时的状态。消除影响、恢复名誉属于非财产责任形式，主要适用于人身权益受到侵害的场合。

（2）违约责任

违约责任又称违反合同的民事责任，是指合同当事人不履行合同义务或履行合同义务不符合约定时所应承担的法律后果。例如家庭服务从业人员不履行服务合同规定的义务或客户不履行服务合同规定的义务而应承担的法律后果就是违约责任。依据合同法的规定，承担违约责任的方式有：

1）支付违约金。即合同当事人在合同中约定的，在合同义务人不履行或不适当履行合同义务时向对方当事人支付的一定数额的金钱。如果合同中有违约金条款，无论是家庭服务从业人员还是其他人违约，都要向对方支付违约金。如果没有违约金条款，即便违约，也不需要支付违约金。

2）赔偿损失。违约一方给没有违约方造成人身、财产损失，要赔偿其损失。

3）继续履行。即在一方违反合同时，另一方有权要求其按照合同的规定实际履行合同，实现合同目的。需要注意的是，合同继续履行须存在可能性。

4）补救措施。指义务人履行合同时不符合合同约定的要求，不需继续履行而只需采取适当补救措施即可达到合同目的或守约方认为满意的目的。补救措施有修理、更换、重作等。

5）合同约定的其他责任。例如双方可以约定，一方违约，没有违约方可以单方解除合同。

2．刑事责任

刑事责任是指行为人触犯了国家刑事法律应该承担的法律后果。例如发生家庭服务从业人员偷盗客户的财产，数额巨大的，构成盗窃罪，触犯了刑法，则要依法追究其刑事责任。

依照刑法的规定，刑罚的种类有：主刑，包括管制、拘役、有期徒刑、无期徒刑、死刑；附加刑，包括罚金、没收财产、剥夺政治权利。

二、积极规避争议发生

在日常工作和生活中，家庭服务从业人员应学会正确行使权利，并掌握一定的沟通技巧，这样可以有效避免争议发生。

1．正确行使权利

为了个人的生存和发展，法律赋予每个公民各种权利，同时为了社会的和谐与进步，法律要求每个公民正确行使权利。正确行使权利的基本要求是：

（1）禁止权利滥用。如果家庭服务从业人员在行使自己权利的同时损害了他人利益、社会利益，这就是权利滥用。权利滥用，不仅不受法律保护，还应承担相应的法律责任。

案例与点评

小莉刚满20岁，是顾太太家请的家政服务员。小莉与男友正在热恋，常常夜深人静与男友打电话聊天。打电话的声音经常使工作压力大的顾先生和有点神经衰弱的顾太太不能入睡。顾太太多次提出抗议，而小莉认为自己在休息时有自由打电话的权利，对顾太太的抗议不屑一顾。

【点评】小莉享有宪法、民法赋予她的人身自由权，包括自由打电话的权利。但小莉作为住家型家政服务员，夜深人静打电话影响了客户的休息，而且还不顾客户的抗议，仍然坚持自己的错误行为。小莉的这一行为就属于权利滥用。那么，小莉应该怎样做才正确呢？首先，小莉应该及时纠正自己的错误行为，即保证客户晚上有安静休息的环境，晚上休息时间不要打电话。如果有急事，必须夜深人静时打电话，那么也应该小声打电话，以不影响客户休息为限。其次，小莉应向客户真诚地赔礼道歉，取得客户的谅解。否则，如果小莉坚持自己的错误行为，客户可以辞退小莉，这是小莉滥用权利应该承担的责任。

（2）行使权利应与履行义务相一致。依据这一要求，家庭服务从业人员不能只顾享受权利而不履行相应的义务。例如不能只强调自己有获得报酬的权利，不考虑自己应该按时完成工作任务的义务，或者说，家庭服务从业人员要想完全拿到事先约定的报酬，必须先按时完成约定的工作任务。

案例与点评

李阿姨是长沙某家政服务公司的月嫂。章先生与该家政服务公司签订了一份家政中介合同，同时与李阿姨签订了一份服务合同，其中约定李阿姨每天24小时照料刚分娩的女儿和婴儿，服务时间为两个月，李阿姨的报酬是每月3 200元。李阿姨在客户家工作半个月后，提出近来自己身体不好，晚上不能照料婴儿，客户表示谅解，还告诉李阿姨以后晚上另找人照料婴儿。于是，章先生请来自己的姐姐每天晚上照顾小外孙。后来，李阿姨只拿到4 900元工资，心里很不高兴，认为合同写的是每月工资3 200元，不应该扣1 500元。

【点评】李阿姨要想拿到合同约定的全部工资，必须先完成合同约定的全部工作任务。没有全部完成工作任务，扣发一定的工资是应当的。这就是行使权利应该与履行义务相一致，但扣多少应该协商。正确的做法是：在客户说晚上要另请人照料婴儿的时候，李阿姨应该与章先生协商扣多少工资，这样就能避免日后的不愉快或争议。

2．学会有效沟通

现实工作中很多争议的发生往往是缺乏有效沟通导致的。有效沟通的方法没有固定的模式，它因工作的不同、事情的不同、客户的不同而不同。有效沟通的目的只有一个，即避免争议发生，与客户和睦相处。这也是判断沟通是否有效的标准。

案例与点评

在一次家政服务培训课上，一个学员讲自己在前一客户家干了半年多，彼此关系还可以，可后来这家的先生常常对自己发脾气，说饭菜没做好，没法吃，还摔碗筷。这个学员认为客户不尊重自己的劳动，侮辱了自己的人格，就与客户吵了起来，闹得双方很不愉快，结果被客户辞退了。另一个学员立即站起来说："我服务的这家的先生有一段时间也是这样，但他的太太脾气好、待人好，我就找她说：'您的先生为什么老对我发脾气，鸡蛋里面挑骨头，我的劳动、我的人格没有得到应有的尊重，我很委屈。'太太立即说：'最近他有一笔订单跑掉了，很懊恼，对我也常发脾气。你先忍着点，我会从侧面提醒他。'过了一阵子，先生果然改变了前期的做法。这次公司让我出来培训，他就非常支持。"

【点评】第一个学员与客户产生了矛盾，采取争吵的方式没有解决问题，反而闹得不愉快并被辞工，他们之间没有实现有效沟通。第二个学员与男客户有矛盾，她没有直接与男客户理论，而是发现女客户脾气好，找女客户诉说，让女客户与男客户沟通，使矛盾得到了很好的化解，促进了双方和睦相处。这就是有效沟通。

家庭服务人员如果与客户产生了矛盾，首先要控制自己的情绪，耐心听完客户的诉说；其次，选择好沟通的对象和时间，不要批评和指责客户，要以真诚的心态与客户沟通，要站在对方的角度考虑问题，要学会换位思考，学会宽容，尽量化解矛盾。有的家政服务员与客户发生误会、摩擦时，一味与客户赌气或争吵，会使小误解演变成大矛盾，这种沟通当然是无效沟通。

三、掌握解决争议的途径和方法

人们都希望在友好和谐的环境里生活和工作，实现自己的利益，体现自己的价值。客户聘请家政服务员来家工作，是希望减轻家务负担，使自己和家人能更好地生活和工作；家庭服务从业人员离开家乡，来到客户家工作，也是希望增加收入，让家人和自己生活得更好。但人与人打交道，难免磕磕碰碰，在家庭服务工作中可能是家庭服务从业人员的权益遭受损害，也可能是客户的权益遭受损害。要有效解决家庭服务工作中产生的矛盾和纠纷，就必须采取正确的途径和方法，从而避免或减少家庭服务人员和客户的损失。

1．协商

家庭服务从业人员与客户或家政服务公司产生矛盾后，如果不能及时化解矛盾，就会导致争议发生。这里讲的争议是家庭服务从业人员与客户或家政服务公司之间以双方权利义务为内容的纠纷。

协商是指争议发生后，双方当事人在平等自愿的基础上，抱着公平、合理解决问题的态度和诚意，通过摆事实、讲法律，交换意见，有效沟通，从而找出解决问题、解决争议办法的一种方式。这是成本最低的解决争议方式。

协商时，家庭服务从业人员应做到有理、有利、有节，既要坚决维护自己的合法权益，又要避免采取过激的言辞和方式。同时，要注意从实际出发，实事求是，相互谅解，不要提出一些不切实际甚至不合理的要求，不要纠缠于细枝末节，要着眼于构建和谐劳务关系的大局，及时解决争议。

案例与点评

梅子是某家政服务公司主要从事母婴护理的员工。梅子长得眉清目秀，笑起来很有亲和力，家政服务公司在没有征得梅子同意的情况下，在自己的宣传广告上刊登了梅子的一张照片。梅子的朋友、同事都认为梅子卖照片肯定挣了大钱。这件事给梅子的生活和工作带来了很大的麻烦。如何尽快解决这个麻烦呢？梅子首先向懂法的弟弟咨询，知道了作为公民，自己享有肖像权，有权不同意家政服务公司在宣传广告上刊登自己的照片。接着梅子与家政服务公司协商，要求家政服务公司立即停止该广告宣传，并从广告上撤下自己的照片，给自己赔礼道歉，赔偿精神损失费 1 万元。家政服务公司认识到自己的行为是错误的，梅子的前两项要求合法合理，于是承诺立即停止原有广告的宣传，重新制作广告，公开向梅子赔礼道歉。但对于 1 万元的精神损失费，公司认为太高了。梅子表示赔偿数额可以减少。经过双方再次协商，精神损失费降为 1 000 元。

【点评】本案中梅子的做法值得我们学习。首先，梅子通过法律咨询掌握了确认公司侵犯自己权利的法律依据。其次，梅子选择了友好协商的方法解决问题，梅子没有用辱骂、激烈的言辞指责公司，向公司提出的要求合法合理（赔礼道歉和赔偿精神损失费）。最后，在协商中梅子没有纠缠于细枝末节，非原则问题适当让步（赔偿精神损失费由 1 万元降到 1 000 元）。所以，梅子做到了用最少的花费、最短的时间，使争议得到妥善解决。

2．调解

双方协商不能解决争议或无法协商解决争议时，应充分发挥各种调解工作网络的作用，如家政服务公司的工会、居委会、妇联组织、人民调解组织或者亲朋好友等居中调解，以化解矛盾。这也是成本较小的解决争议的方法。

案例与点评

张女士是上海一家家政服务公司签约的钟点工。合同规定，张女士由家政服务公司不定时派遣为客户服务，薪酬标准为每小时 8 元，每个月末按累计时间支付工资。在第一个月，张女士共为5位客户提供过家政服务，累计时间为100个小时，可到月末，公司仅支付给张女士80个小时的工资。原因是张女士服务的一个孙姓的客户已从其租住的房子内搬走，公司不知其新的住处而无法收取家政服务费，进而拒绝支付张女士的这部分工资。张女士在与公司协商未果的情况下，向家政服务公司所在地居民委员会设立的人民调解委员会申请调解，通过人民调解委员会的调解，张女士终于拿到了被扣除的工资。

【点评】 张女士是家政服务公司的员工，她与家政服务公司之间形成了劳动关系，并且按照公司的要求完成了自己的工作，家政服务公司应该支付全额工资，不能以客户没有向公司付费为由，而不支付张女士的工资。人民调解委员会有调解经验丰富的调解员，由他们从中调解，能有效达到解决争议的目的。

相关链接

人民调解组织

1．人民调解委员会。人民调解委员会是人民调解的基本形式，依法设立在居民委员会、村民委员会和企业、事业单位。每个城市居民委员会一般设有人民调解委员会。

2．专门调解组织，即针对专门人群设立的调解组织。如大型集贸市场调委会、外来人口调委会、各行业协会的专门调解组织等。

3．社区矛盾调解中心。它是在街道、乡镇一级设立的，对本社区发生的民间纠纷进行调解的社区群众性调解组织。这是近几年新出现的一种调解组织形式，它的办事机构一般设在街道、乡镇司法行政部门。

3．仲裁与诉讼

上述方法都不能解决争议时，仲裁与诉讼是解决争议的最有效途径。仲裁机构、法院以事实为依据，以法律为准绳，作出公正合理的裁判。仲裁裁决书和法院判决书具有法律效力。如果相关人员不履行法律文书规定的义务，当事人可以向法院申请强制执行。通过仲裁与诉讼途径解决争议，需要人力、物力和时间成本，所以这是解决争议成本较高的方法。但如果采取违法途径解决争议，那么成本更高，可能付出更多的人力和物力，甚至是生命代价和刑事制裁。

案例与点评

赵阿姨经人介绍到张先生家做了月嫂。工作结束时，张先生告诉赵阿姨：月嫂的工资暂时扣留，理由是张太太的金手链不见了，怀疑是赵阿姨偷走的，要求赵阿姨交出金手链后再付工资。赵阿姨当时就反驳说自己没偷张先生家任何东西。但张先生执意扣留赵阿姨的工资。赵阿姨的儿子听说后，带了几个哥们，闯入张先生家，砸坏了高档电视机和茶几、餐桌等家具，并要张先生立即支付其母亲的工资，否则要张先生的命。张先生立刻报了警，警察赶到后查明事实，依据治安管理处罚法将赵阿姨的儿子及其同伙带到公安局进行了教育，并给予每人200元的罚款。在警察的教育下，赵阿姨的儿子认识到自己采取违法行为对付张先生的做法是极端错误的。第二天，赵阿姨的儿子帮助赵阿姨写了一份起诉书，将张先生告到法院，要求其支付赵阿姨的全部工资。法院查明事实后，依法判决张先生支付赵阿姨的全部工资。

【点评】本案中张先生扣留赵阿姨的工资是违法行为，侵犯了赵阿姨获得劳动报酬的权利，其没有证据就断定赵阿姨偷金手链也是错误的。然而，赵阿姨没有选择正当的途径维护自己的合法权益，其儿子的违法行为不仅没能帮其要回工资，还受到了法律制裁。

通过这一案例让我们明白，合法权益受到侵害，当协商、调解不能解决问题时，实施违法行为除了给我们带来损害外，不能解决任何问题，我们一定要通过法律途径维护自己的权益。

（1）仲裁

仲裁分为劳动仲裁和协议仲裁。

1）劳动仲裁仅指劳动争议仲裁机构对劳动争议的仲裁。依据《劳动争议调解仲裁法》第 2 条的规定，劳动争议指“（一）因确认劳动关系发生的争议；（二）因订立、履行、变更、解除和终止劳动合同发生的争议；（三）因除名、辞退和辞职、离职发生的争议；（四）因工作时间、休息休假、社会保险、福利、培训以及劳动保护发生的争议；（五）因劳动报酬、工伤医疗费、经济补偿或者赔偿金等发生的争议；（六）法律、法规规定的其他劳动争议”。上述劳动争议案件的解决，劳动仲裁是必经程序。即发生劳动争议必须先进行劳动仲裁，对仲裁不服，自收到仲裁裁决书之日起 15 日内可向法院提起诉讼。

劳动争议申请仲裁的时效期间为一年。仲裁时效期间从当事人知道或者应当知道其权利被侵害之日起计算。

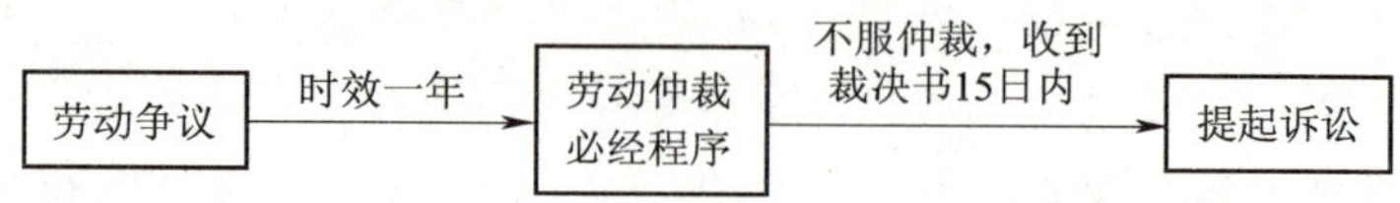

依据《劳动法》的规定，家庭服务从业人员对家政服务公司不为员工缴纳社会保险等违反劳动法的行为，还可以向当地劳动监察部门投诉。

2）协议仲裁是指协议仲裁机构对平等主体的公民、法人和其他组织之间发生的合同纠纷或其他财产权益纠纷的仲裁。如果当事人之间发生了合同纠纷或其他财产权益纠纷，要通过协议仲裁程序解决纠纷，必须先签订同意将该纠纷提交某仲裁机构仲裁的协议，否则仲裁机构不能对该纠纷进行仲裁。协议仲裁不是诉讼的必经程序。比如说，家庭服务从业人员与客户发生服务合同纠纷，家庭服务从业人员可以申请协议仲裁，或者直接向法院提起诉讼，但只能二选一。

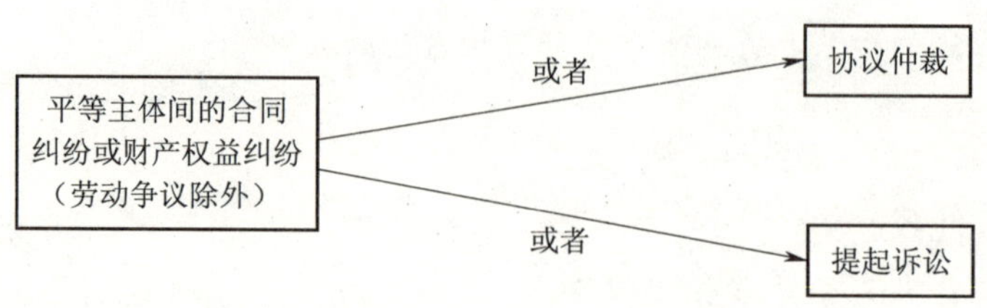

（2）诉讼

这里所说的诉讼指民事诉讼。所谓民事诉讼，是指法院凭借国家审判权解决民事纠纷的活动。这里所说的民事纠纷是指在平等主体之间发生的，以民事权利义务为内容的社会纠纷，主要是财产关系的民事纠纷和人身关系的民事纠纷。例如在非员工制下家庭服务从业人员与客户之间的服务合同涉及相关财产权益，服务合同纠纷属于民事纠纷。又如无论是非员工制还是员工制，家庭服务从业人员的人身权益遭受侵害或发生家庭服务从业人员侵害他人人身权益的，都属于民事纠纷。

另外，在员工制下家庭服务从业人员与家政服务公司发生的劳动争议经过劳动仲裁必经程序后，任何一方对劳动争议仲裁裁决不服，都可以向人民法院提起诉讼，人民法院依照民事诉讼程序审理该类案件。

民事诉讼是解决民事纠纷的程序和手续的总和，是第三者（人民法院）对纠纷介入的机制，所以民事诉讼不同于其他解决纠纷的方式，它是在国家审判权介入之下，对民事纠纷通过国家司法程序进行解决，具有公力性质。

民事诉讼的目的既是对公民权益的维护，又是对民事纠纷的解决，还是对社会秩序的维护。

案例与点评

李阿姨是蒋女士通过朋友介绍请的家政服务员。一天，李阿姨搞卫生时不小心摔伤了腿。李阿姨找蒋女士协商，要求赔偿医疗费和其他损失，蒋女士不愿意承担责任。于是李阿姨向蒋女士住所地人民法院提起民事诉讼，要求蒋女士赔偿医疗费、误工费、精神损失费等近4万元。法院查明：蒋女士与李阿姨已经形成雇佣关系，李阿姨在完成蒋女士安排的工作中发生意外伤害，依据相关规定，蒋女士应赔偿李阿姨的全部损失。但李阿姨要求的精神损失费与实际损失不相符。法院判决：蒋女士赔偿李阿姨医疗费、护理费等各项共计2.2万元，驳回李阿姨其他请求。

【点评】 李阿姨身体受到伤害，通过民事诉讼途径，有效维护了自己的合法权益。李阿姨的依法维权意识值得家庭服务从业人员学习。但维权时提要求须合法合理合情。另外，请想一想，如果李阿姨是被家政服务公司委派到蒋女士家服务的，那么这个责任应该由谁来承担呢？

此外，我国法律还特别规定了民事诉讼时效制度。民事诉讼时效就是要求当事人在法律规定的一定时间内向人民法院提起民事诉讼，超过这一期间，就丧失了请求法院保护其合法权益的权利。

依据《民法通则》第 135 条的规定，“向人民法院请求保护民事权利的诉讼时效期间为两年，法律另有规定的除外”。也就是说，家庭服务从业人员的相关权益（如人身权、财产权）受到侵害或与客户发生服务合同纠纷等，应在两年内向法院提起诉讼。

依据《民法通则》第 136 条的规定，身体受到伤害要求赔偿的，诉讼时效期间为一年。即当家庭服务从业人员身体受到伤害（如身体被打伤、撞伤等）时，应该在一年内向法院提起民事诉讼。

依据《民法通则》第 137 条的规定，“诉讼时效期间从知道或者应当知道权利被侵害时起计算。但是，从权利被侵害之日起超过二十年的，人民法院不予保护。有特殊情况的，人民法院可以延长诉讼时效期间”。

需要补充的是，协议仲裁同样有时效规定。《仲裁法》第 74 条规定，“法律对仲裁时效有规定的，适用该规定。法律对仲裁时效没有规定的，适用诉讼时效的规定”。

总之，家庭服务从业人员通过仲裁或诉讼途径解决纠纷，一定要在时效期间内施行。

综上所述，我们将有效维权方式用图 3 表示出来。

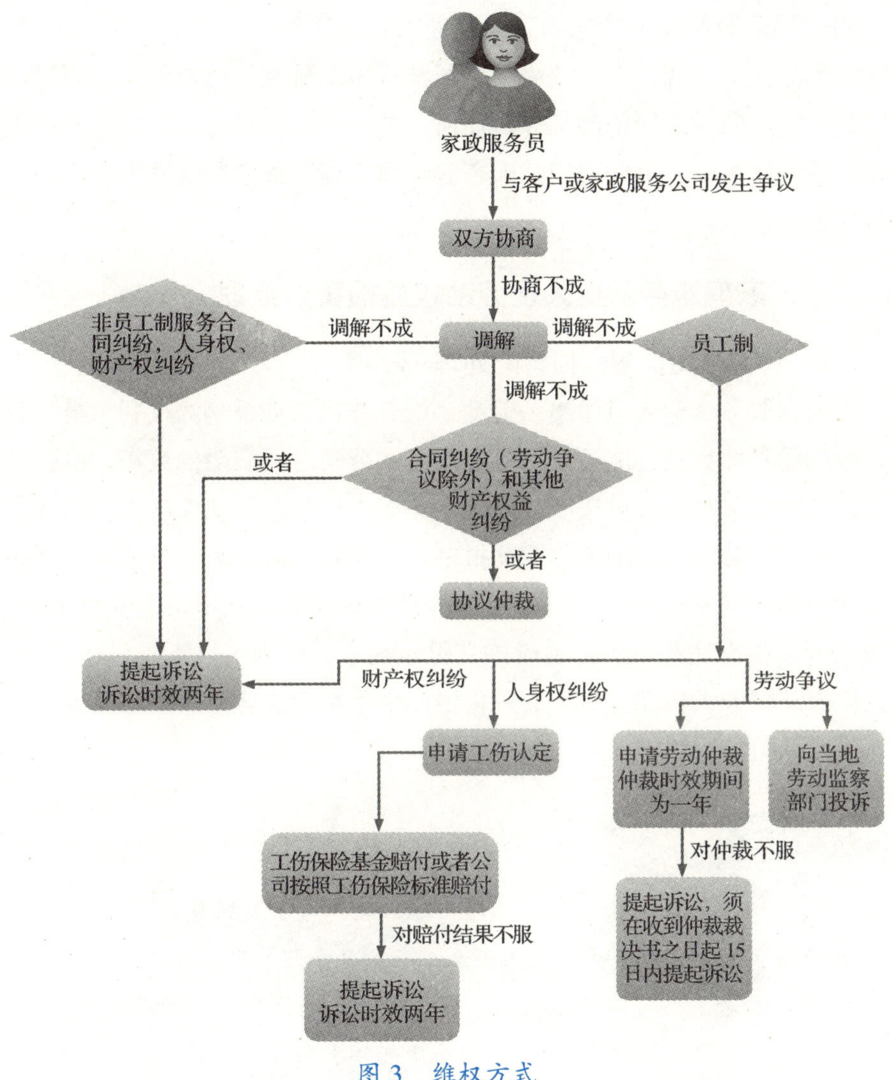

图3　维权方式

注：家庭服务从业人员与客户或家政服务公司发生纠纷调解不成，无论是员工制还是非员工制，只要是合同纠纷（劳动争议除外）和其他财产权益纠纷，可以选择诉讼途径解决纠纷，也可以选择协议仲裁途径解决纠纷，但只能二选一。

第三节　家庭服务中发生劳动权益损害的处理

家庭服务从业人员依法与客户签订服务合同或与家政服务公司签订

劳动合同，即形成了基本的劳动服务关系，这种关系是受法律保护的。家庭服务人员、客户和家政服务公司都应该本着诚信的原则，全面履行服务合同或劳动合同中的义务，任何一方不履行应尽的义务，都要承担相应的法律责任。下面我们就来一起学习家庭服务中经常发生的劳动权益损害的处理。

一、家庭服务从业人员劳动权益损害的处理

1．获得劳动报酬权损害的处理

家庭服务从业人员付出了劳动，就有获得劳动报酬的权利。至于劳动报酬的具体数额，应该是服务合同或者劳动合同载明的数额。也就是说，家庭服务从业人员按照合同规定完成工作任务，就应该在合同规定的时间拿到合同规定的全部劳动报酬。如果客户或家政服务公司有克扣或无故拖欠劳动报酬的，应该承担的民事责任有：立即足额支付工资；如果合同中有违约金条款则应该支付违约金，否则可以不支付违约金；如果家庭服务人员在讨要工资过程中产生了费用，客户或家政服务公司还应该承担该费用。

案例与点评

李阿姨是某家政服务公司的金牌月嫂，与家政服务公司签了5年的劳动合同，家政服务公司为她上了五险，李阿姨很满意，还很自豪，觉得自己老了也可以像城里人一样，按月拿退休工资。劳动合同写得清清楚楚，每月30日发工资。可是李阿姨上班才3个月，第一个月的工资就拖到第二个月中旬才发。第二个月、第三个月的工资，到现在也没有发。李阿姨该怎么办？

【点评】李阿姨是家政服务公司的员工，完成了工作任务，有获得劳动报酬的权利。公司拖欠员工工资，既是违约又是违反劳动法的行为。李阿姨首先应与公司沟通，要求其按时足额发放工资。如果家政服务公司仍然不发工资，可向公司所在地劳动监察部门投诉，或直接申请劳动仲裁（公司拖欠工资一年内，劳动仲裁是免费的）。对劳动仲裁不服，还可以在收到仲裁裁决书之日起15日内，向公司所在地人民法院提起诉讼。

案例与点评

2001 年 10 月，江慧通过朋友介绍，在希春水家做家政服务员。双方约定每月工资 1 000 元。至 2004 年 12 月江慧离开希春水家，停止家政服务时，希春水夫妇先后共拖欠江慧家政劳务工资 6 265 元。2006 年 3 月 10 日，江慧与几个朋友一起到希春水家讨要工资，希春水夫妇仍说没钱。直至 2008 年 1 月，江慧再次讨要工资，该欠款仍未给付。2008 年 3 月 4 日，江慧将希春水夫妇告到法院，要求给付拖欠的工资。

法院经审理认为，两被告雇请原告到其家做家政服务员，提供家政服务，理应给付工资，两被告拖欠不给违反了双方的约定。原告要求两被告支付所欠工资款合法有据，法院予以支持。法院依照有关法律规定，判决被告希春水夫妇支付拖欠原告江慧全部工资及其利息。

【点评】本案中江慧能否胜诉涉及两个问题：一是江慧是否提供家政服务，客户希春水夫妇是否拖欠工资。二是本案的诉讼时效是否已过。关于第一个问题，法院已经查明江慧提供家政服务、客户拖欠工资是事实。关于第二个问题，本案的诉讼时效 2 年。江慧 2004 年 12 月停止提供家政服务，2008 年 3 月 4 日向法院起诉，期间长达 3 年 3 个月，这样看来，诉讼时效已过，法院应该驳回江慧的诉讼请求。但江慧 2006 年 3 月、2008 年 1 月多次向客户催要工资，依据民法的规定，本案的诉讼时效应该从 2008 年 1 月重新算起，所以本案诉讼时效没有过，江慧胜诉。

2．休息休假权损害的处理

家庭服务从业人员享有休息休假权，这是保证其身体健康、恢复体力的需要。前面我们已经介绍过，考虑到家政服务行业的特殊性，休息休假需与客户协商确定，协商的结果写在合同里。

无论是客户还是家政服务公司，没有按照合同的规定，不给或少给休息休假的，应该承担的民事责任有：补足休息休假时间，或支付加班工资；如果合同中有违约金条款则应该支付违约金，否则可以不支付违约金。此外，还可以要求违约方赔礼道歉。

案例与点评

小莉是万先生通过家政服务公司请来的家政服务员，小莉、万先生、家政服务公司签了一份三方合同。合同规定，小莉每月休息两天，如果当月不能休息，下月补休或补偿200%的工资。万先生是个法制观念不强的人，当初签合同时根本就没有看合同的内容，拿着合同书豪爽地大笔一挥签上了自己的名字。小莉连续工作了四个月，一天都没有休息，而且万先生好像没有让小莉休息的意思。于是小莉与万先生协商，提出要按合同规定补休或给200%的工资。万先生认为家政服务员不应该有休息，在家里没活干时就是休息，更不可能给200%的工资。至于合同规定，不算数，理由是合同内容自己没有看。小莉应该如何维权？

【点评】小莉享有法律赋予的休息休假权，而且三方签订的合同明确规定小莉每月休息两天。万先生违反合同规定，没有让小莉休息，不给补休，也不给200%的加班工资，侵害了小莉的休息休假权。本案中，小莉已与万先生协商，但没有解决问题。由于小莉与万先生之间是服务合同关系，所以小莉不能申请劳动仲裁，可以直接向万先生住所地人民法院起诉，要求万先生依据合同规定给补休或支付200%的加班工资。

3．劳动安全权损害的处理

家庭服务从业人员享有劳动安全权。客户或家政服务公司应该提供安全的工作环境，确保工作中家庭服务从业人员生命安全、身体健康。家庭服务从业人员在工作中发现有安全隐患，应该及时提出来，要求客户或家政服务公司及时排除危险，之后再继续工作，千万不要冒险工作。如果客户或家政服务公司强令家庭服务从业人员冒险工作，家庭服务从业人员有权拒绝工作。

案例与点评

刘琳是家政服务公司派到李先生家做保洁的钟点工。这天，刘琳按照合同的约定来到李先生家工作，李太太告诉刘琳，今天要将家里的全部窗户擦干净。刘琳站在窗户旁往外看，感到楼层很高，试想掉下去一定没命。于是，刘琳对李太太说："擦窗户要有安全保护措施，我不是专业的擦窗户保洁工，你事先也没有告知今天的工作是擦窗户。今天我不能冒生命危险工作。"

【点评】 刘琳的要求是合法合理的。刘琳享有劳动安全权，李太太和家政服务公司有提供安全保护措施的义务。所以，刘琳接下来应该与李太太或家政服务公司协商，要求其提供擦窗户的安全保护措施。如果协商不成，刘琳可以拒绝工作。如果李太太或家政服务公司强行要刘琳冒险工作，一旦发生事故，李太太或家政服务公司要承担民事赔偿责任，相关责任人甚至要承担刑事责任。

二、家庭服务从业人员违反劳动义务的处理

家庭服务从业人员同样要本着诚信原则，全面履行服务合同或劳动合同规定的义务，不得擅自改变或解除合同，否则要承担违约责任。在家庭服务纠纷中，家庭服务人员无故辞工、互相攀比而随意要求增加工资等违约行为引发的纠纷最多。我们必须清醒地认识到，违约行为也要承担违约责任。

案例与点评

翠平是李太太通过家政服务公司请来的家政服务员，翠平和李太太签订了书面服务合同。合同期限是一年，合同约定翠平每月休息两天，工资每月 1 000 元。工作两个月后，翠平的一个老乡告诉她，有个亲戚急着请家政服务员，开出的工资是每月 1 500 元，翠平立即答应去老乡亲戚家。第二天是翠平的休息日，她收拾好行李，没有与李太太商量，也没有任何说明就走了。李太太等了三天，不见翠平踪影，打了多次电话才联系上翠平。李太太认为翠平的不辞而别是违约行为，给自己带来了很多麻烦和经济损失。李太太将翠平告到法院，要求翠平承担违约责任。法院经过开庭审理，判决翠平违约，向李太太赔礼道歉，赔偿李太太的各项损失 500 元。

【点评】 诚信是做人做事的基本准则，翠平为了多挣 500 元钱，不顾有效合同的存在，连招呼都不打一声，就投奔新东家，这是违背诚信的行为。一个人如果失去了诚信，就意味着失去了成长和发展的基础。与诚信相比，翠平得到的是蝇头小利。试想一下，如果我们自己是客户或家政服务公司，我们愿意聘用一个签了合同不遵守、不讲诚信的人

吗？如果家庭服务从业人员都不讲诚信、不守合同，我们的家政服务行业还能生存发展吗？正因为讲诚信、守合同对一个人、一个行业乃至一个国家如此重要，我们的法律才对不讲诚信、不守合同的行为是严惩不贷的。所以，翠平没有本着诚信原则全面履行合同是违约行为，必须承担相应的违约责任。法院的判决捍卫了法律的威严，维护了诚信准则，对家政服务行业有序发展起到了促进作用。

如果在履行服务合同或劳动合同中出现新情况，或者签订合同时考虑不周到，家庭服务从业人员是可以依法提出改变或解除合同的。劳动合同法、合同法都有规定，经合同双方协商一致，可以解除合同或者变更合同内容。

例如上述案例中，翠平要提前与李太太解除服务合同到别人家工作，应该事先与李太太协商，双方都同意解除合同，合同方可解除。如果协商不成，翠平应该遵守合同，在李太太家干完这一年。如果翠平讲诚信、守合同，在李太太家干完这一年，表面上翠平每月少挣了500元，但实际上，翠平赢得了信誉，赢得了客户的尊敬，这些给翠平带来的财富一定远不止每月多挣500元。

第四节　家庭服务中发生人身权益损害的处理

前面已经介绍过家庭服务从业人员与其他公民一样，享有法律赋予的人身权。具体人身权的内容主要由民法规定。依据现行民法，人身权分为人格权和身份权。人格权是公民必须具备的、与人格利益相关的权利，如公民的生命权、健康权、姓名权等。身份权是因特定身份而产生的权利，如配偶权、荣誉权等。其中人格权与家庭服务工作关联度较大，本节将重点讲解。

一、人格权

人格权包括生命权、健康权、姓名权、肖像权、名誉权、自由权、隐私权等。

生命权：包括生命安全维护权，以及当生命安全受到侵害时，受害人享有司法保护请求权。公民的生命不被非法剥夺。

健康权：包括保持自己健康的权利，以及当健康权受到侵害时，受害人享有司法保护请求权。

姓名权：包括姓名决定权、姓名使用权、姓名改变权。禁止他人干涉、盗用、假冒和恶意重名。

肖像权：是指公民对自己的肖像享有再现、使用并排斥他人侵害的权利，包括肖像制作权、肖像使用权、维护肖像完整权。

名誉权：通俗地讲，是指公民享有获得社会客观评价的权利，包括名誉保有权、名誉维持权、名誉利益支配权。

自由权：主要有行为自由权和意志自由权。行为自由权是指我们每个人享有可以依照自己的意志支配自己的身体，并排除他人非法干涉的权利，如有权安排自己的饮食、住行等。意志自由权是指人享有依照其自由意志支配自己内在精神活动并排除他人非法干涉的权利。

隐私权：一般是指我们每个人享有的对自己的秘密和生活进行支配并排除他人干涉的权利。隐私权的“秘密性”包括两层含义：一是隐私保守权，二是隐私维护权。隐私权的内容有很多，主要包括以下几个方面：

第一，个人生活安宁权。即指权利人能够完全依照自己的意志来支配自己的生活，不受他人的非法干涉与破坏的权利。包括普通人的私生活不受非法窥视和骚扰、公民的住宅神圣不可侵犯等。

第二，个人信息的控制与保守权。凡是仅与特定个人相联系的信息和资料，包括诸如个人的身高、体重、病史、日记、生活经历、信仰、爱好、婚姻、财产状况以及社会关系等情况，权利人有权禁止他人非法调查、查看、收集、公布。

第三，隐私的利用权。权利人有权依照自己的意志并利用自己的隐私来从事自己愿意从事的有关活动，以实现自己的利益而不受他人的非法干涉。

无论是家庭服务从业人员自己的人身权遭受侵害，还是家庭服务从业人员侵害了客户的人身权，侵害人都要承担损害赔偿的民事责任；严重的，触犯了刑法，还要承担刑事责任。

二、人身损害的赔偿原则

人身损害可分为一般伤害、致人残废和致人死亡三种，与之相对应，损害的赔偿也有三种情况：

1．一般伤害的赔偿

一般伤害是指经过治疗后可以恢复健康，不会造成残废的伤害。致害人造成这种伤害，其赔偿费一般包括以下三项：

（1）受害人的医疗费、住院费、住院期间的伙食费及必要的营养费。

（2）受害人治疗期间必要的专人护理费和看病（必须是与因侵权而引起的伤病有关）所需要的交通费。

（3）受害人的误工工资或劳动收入。

前两项赔偿应以医院为受害人治疗所开具的诊断书和各种单据为依据。后一项，原则上应据治疗医院出具的假条证明书计算误工日期；赔偿工资的标准，按受害人工资或实际收入的数额计算。

例如家政服务员王某在工作中被客户的小孩意外砸伤，需要住院治疗。该客户应该承担赔偿责任，赔偿费包括：王某的全部医疗费、住院期间的伙食费及必要的营养费；如果需要专人护理，还要包括护理费、必要的交通费；王某治病期间不能工作，客户不能扣发王某的工资。

2．人身残废的赔偿

人身残废是指受害人身体遭受严重损害，经过治疗后不能恢复健康，致使部分或全部丧失劳动能力的伤害。这类伤害赔偿一般包括：

（1）与一般伤害的赔偿内容相同。

（2）残废补助费。包括两部分：一是依据伤残鉴定划分的等级，按照国家有关规定确定致害人应该赔偿的数额和生活补助费。二是受害人致残需要安装必要的辅助器具如义肢、义眼等所需费用，应由致害人负担；以后需要更换的，更换所需费用也应由致害人负担。

3．致人死亡的赔偿

包括两部分：

（1）抢救费用、丧葬费、死亡抚恤金。

（2）死者生前扶养的人必要的生活费用。死者生前扶养的人的生活补助费，应根据死者生前实际负担家庭生活费用的多少来确定，至于具体数额，既要考虑受害人一方的实际需要，又要考虑致害人的负担能力，合情合理地解决问题。

三、家庭服务从业人员人身权益损害的处理

1. 生命健康权损害的处理

保护公民的生命和健康，是我国法律的共同任务。家庭服务从业人员在工作中发生生命健康的损害如何处理？员工制和非员工制的处理方式是不一样的。

（1）非员工制下生命健康损害的处理

《最高人民法院关于审理人身损害赔偿案件适用法律若干问题的解释》第 11 条规定："雇员在从事雇佣活动中遭受人身损害，雇主应当承担赔偿责任。雇佣关系以外的第三人造成雇员人身损害的，赔偿权利人可以请求第三人承担赔偿责任，也可以请求雇主承担赔偿责任。雇主承担赔偿责任后，可以向第三人追偿。"所以，非员工制家庭服务关系中家庭服务从业人员遭受人身损害的处理分为以下几种情况：

1）家庭服务从业人员从事客户安排的工作时遭受人身损害，客户应当承担赔偿责任。

案例与点评

周岱兰于 2002 年 7 月 28 日通过位于上海普陀区普雄路的一家劳务介绍所介绍来到丁先生家做家政服务员。2003 年 12 月 24 日晚 6 点多，周岱兰在为丁先生家擦窗户时不慎从 4 楼坠落，造成腹腔大出血，脾脏破裂，腰椎粉碎性骨折，生命垂危，丁先生及时将周岱兰送到医院急救并支付了近 3 万元的医疗费。之后，家境并不是很富裕的丁先生表示无力再支付更多的费用，这让一贫如洗的周岱兰几近绝望。

在与丁先生协商未果的情况下，周岱兰于 2004 年 7 月 28 日将丁家告到普陀法院，要求赔偿残疾补偿金、精神损害费等共计 12 万多元。

法院审理后认为，丁家在聘用周岱兰期间，对其劳务活动负有安全注意义务，对其在劳务活动中造成的人身损害应当承担相应的民事赔偿责任。同时，周岱兰在从事登高擦窗等具有一定危险性的活动时，应当加强自我保护意识。此案中，周岱兰由于没有采取相应的防范措施造成自身伤害，也应当承担一部分责任。法院审查各项费用后，一审判决被告丁家赔偿周岱兰各项费用 6.5 万元，并承担 1 000 元的伤残鉴定费。

【点评】周岱兰在客户丁先生家从事家政服务工作时受到伤害，依据最高法院的司法解释，丁先生应当承担相应的民事赔偿责任。同时，周岱兰由于没有采取相应的防范措施造成自身伤害，依据《民法通则》第 131 条关于“受害人对于损害的发生也有过错的，可以减轻侵害人的民事责任”的规定，周岱兰也应当承担一部分责任，或者说减轻丁先生的责任。通过本案让我们明白这样一个道理：在工作中我们遭受人身损害，客户应当承担赔偿责任，但是我们也应该积极主动地保护自己的生命健康、人身安全，如果我们自己在损害发生中有疏忽、有过错，那么我们对自己的损害也要承担相应的责任。

2）家庭服务从业人员从事客户安排的工作时，由客户以外的第三人造成的损害，家庭服务从业人员可以直接请求第三人承担赔偿责任，也可以请求客户承担赔偿责任。客户承担赔偿责任后，可以向第三人追偿。

案例与点评

为了照顾患有先天脑瘫疾病的儿子，已是花甲之年的吴先生通过中介请了王阿姨。王阿姨工作尽心尽力，为人正直老实，颇令吴先生一家满意。可就在不久前却发生了意外。那天，当王阿姨买菜回来，正要到厨房炒菜时，突然一记闷棍打下来，王阿姨晕倒在地。原来当时正有一个小偷在吴先生家偷东西，发现王阿姨回来，害怕被发现，情急之下顺手拿起一根棍子将王阿姨打晕后逃逸。后来，王阿姨被吴先生一家送到医院接受治疗，先后共花去医疗费 1 万余元。吴先生一家出于同情和人道主义，先行垫付了 5 000 元，但对于余下的医疗费用却表示由王阿姨自己解决。虽然小偷最后被抓住了，但小偷根本付不起余下的医疗费用。王阿姨采取协商、调解都不能解决问题后，无奈之下，她将吴先生一家告上了法院，请求支付余下的医疗费用。法院认为，吴先生与王阿姨是雇佣关系，王阿姨在从事吴先生安排的工作时，由第三人小偷造成伤害，依据最高法院的司法解释，法院判决吴先生支付余下的医疗费用。

【点评】 本案中王阿姨在工作时遭受第三人小偷的侵害，花去医疗费 1 万余元。依据最高法院的司法解释，王阿姨可以直接请求第三人小偷承担赔偿责任，也可以请求客户承担赔偿责任。第三人小偷虽然抓住了，但没有赔偿能力。所以，王阿姨起诉客户要求其支付医疗费，这是王阿姨获得赔偿的最佳选择。当然，吴先生支付了王阿姨的全部医疗费后，依法有权向第三人小偷追偿。

3）家庭服务从业人员在工作时间从事非客户（或合同）安排的工作而造成的损害，客户不承担赔偿责任。

案例与点评

谁对家政服务员的死负责

2007 年 11 月 29 日晚 7 点 30 分左右，19 岁的家政服务员徐燕吃过晚饭做完家务后，告知客户自己出去扔垃圾，不久被人发现跳楼身亡。经法医鉴定，徐燕是从客户家那栋楼的 8 楼跳下身亡的，而客户家住 5 楼。徐燕身上没有任何争斗的痕迹。公安机关调查数月也没有查出徐燕为什么从 8 楼跳下身亡，最终以无法确定死因结束了调查。徐燕的父母不甘心，想为女儿的死讨个说法，要求补偿。于是将中介公司以及客户告到法院，要求他们对女儿的死负责，并支付死亡赔偿金。法院认为中介公司只是帮徐燕介绍工作，收取一定的中介费，与徐燕之间没有其他关系，对徐燕的死不负任何责任。由于客户家住 5 楼，当晚徐燕是从 8 楼跳下身亡的，依据《最高人民法院关于审理人身损害赔偿案件适用法律若干问题的解释》第 11 条规定，徐燕不是在从事客户分配的工作时死亡的，客户对徐燕的死也没有责任。法院驳回了徐燕父母的请求。客户出于人道主义，自愿给徐燕父母 2 万元作为补偿。

【点评】本案的关键是徐燕是否为从事客户分配的工作时死亡的，如果是，客户对徐燕的死应当承担责任；如果不是，客户则不必承担责任。经法医鉴定，徐燕是从8楼跳下身亡的，客户家住5楼，扔垃圾不需要到8楼。没有证据证明客户安排的工作与徐燕的死有因果关系，所以客户不必承担法律责任。

（2）员工制下生命健康损害的处理

依据《工伤保险条例》规定，家庭服务从业人员在工作时间和工作场所内，因工作原因受到事故伤害；在工作时间和工作场所内，因工作受到暴力等意外伤害；因工作需要或客户安排外出期间由于工作原因受到伤害，应当认定为工伤。家庭服务从业人员在工作时间和工作岗位，突发疾病死亡或者在48小时之内经抢救无效死亡的，视同工伤。

《工伤保险条例》第2条规定，用人单位应当参加工伤保险，为本单位职工缴纳工伤保险费。如果发生上述任何情况之一，家庭服务从业人员首先应申请工伤鉴定，其次申请工伤保险基金赔偿。但现实中有一些公司没有按照法律规定参加工伤保险。遇到这样的家政服务公司，家庭服务从业人员发生工伤后，直接要求家政服务公司按照《工伤保险条例》赔偿标准进行赔付。如果公司不予赔偿或赔偿数额无法达成一致意见，家庭服务从业人员可向家政服务公司所在地法院提起索赔诉讼。

案例与点评

周女士是某家政服务公司的员工，前些日子受公司指派来到丁先生家做保洁服务。在擦窗户玻璃时，不小心从窗台上跌落于地板上，导致手部骨折。丁先生将她送到医院治疗，但拒绝支付医疗费。周女士遂去找家政服务公司讨要医疗费，不料公司经理却说：“我们当初签订的劳动合同中明确规定‘意外事故概不负责’。不过，由于你是为丁先生打扫卫生时受的伤，可以找他索赔。”而丁先生则认为自己是与家政服务公司签订的家政服务合同，并向家政服务公司支付了保洁费，没有与周女士签订任何合同，周女士是受家政服务公司派遣来工作的，自己对周女士的工作环境尽了安全注意义务，自己也没有对周女士实施伤害行为，而且在周女士摔伤后，及时将其送到医院，已经“仁至义尽”。双方相互推诿。

【点评】首先，劳动合同中“意外事故概不负责”是无效条款，尽管周女士在合同上签了字，但这一条对其无效。发生意外事故，应由公司负责的，公司必须承担责任。其次，周女士是家政服务公司员工，受公司派遣到丁先生家做保洁服务，在工作时发生意外摔伤事故，属于工伤。如果公司为员工缴纳了工伤保险，由公司负责帮助周女士向工伤保险基金申请赔付。如果公司没有为员工缴纳工伤保险，周女士可直接要求公司依据《工伤保险条例》赔偿标准进行赔付。如果公司不同意赔付，周女士可以向公司所在地劳动争议仲裁部门申请仲裁或直接向法院提起工伤赔偿诉讼。另外，本案中丁先生与周女士之间没有服务合同关系，且丁先生对周女士的摔伤没有任何过错，所以对于周女士的损害丁先生不必承担赔偿责任。

2．隐私侵害的处理

前面已经讲过，隐私是指个人生活中不愿为他人公开或知悉的秘密，包括私人生活、个人日记、照相簿、储蓄和财产状况、生活习惯及通信秘密等。依据相关法律法规的规定，家庭服务从业人员有隐瞒自己隐私的权利，当自己的隐私被他人偷窥，给自己造成损害时，有请求司法保护的权利。

案例与点评

小红是吴先生通过中介请来的家政服务员。刚从农村来到城市，第一次离开父母，小红还没有适应吴先生家的生活。因此，小红将自己的烦恼以及对客户的不满写在日记里。吴太太看到小红常常愁眉苦脸，多次问其有什么难事需要帮忙，小红每次都说没事。吴太太想探个究竟，一天趁小红不在家，在小红的包里找到了日记本，看到小红写了许多对自己不满的话，吴太太很生气。小红回来后，吴太太对她气愤地说：“我们对你那么好，你还在日记里骂我们，真是不知好歹的东西。”小红觉得自己的心思都被别人知道了，又气又羞，不想在吴先生家干了。

【点评】小红有隐瞒自己隐私的权利，吴太太有尊重、不侵犯小红隐私的义务。日记本的内容是小红不愿为他人所知道的秘密，吴太太擅自窥看小红日记的行为是侵权行为。由于吴太太的侵权行为情节不严重，建议小红采取温和的办法解决问题。小红可以要求也可以不要求吴太太赔礼道歉，但一定要告诉吴太太，私看他人日记是侵犯隐私权的行为。在日记里发泄自己的情绪，既没有犯法，也没有做错。至于是否继续工作，应该与吴太太协商解决。

3．性骚扰的处理

（1）性骚扰的含义

《妇女权益保障法》第 40 条规定，禁止对妇女实施性骚扰。受害妇女有权向单位和有关机关投诉。北京、上海、武汉、深圳、江苏等地都出台了地方规定：禁止违背妇女意愿，以含有淫秽色情内容的语言、文字、图片、电子信息、肢体动作等形式对妇女实施性骚扰。受害妇女有权向用人单位和有关部门投诉或者向人民法院起诉。

性骚扰行为要具备两个要素，首先是不受被害人欢迎的，其次是冒犯的、具有性色彩的骚扰行为。性骚扰的方式有语言、文字、图片、电子信息、肢体动作等五种。

例如，客户对家政服务员有肢体接触但家政服务员愿意接受，这就不是性骚扰。涉外家庭、外籍客户表示友好而拥抱家政服务员，这也不是性骚扰。

（2）对性骚扰的处理

受害妇女有权向家政服务公司和有关部门（如公安机关）投诉或者向人民法院起诉。

由于认定性骚扰举证难，所以家庭服务从业人员在工作中首先要注意自己的行为，做到品行端正，不让对方有实施性骚扰行为的可乘之机。具体做法是：

1）在工作中，避免穿袒胸露背或超短裙之类的服装。

2）尽量避免与男性客户单独相处。与男性客户打交道，不要突破私人空间。住家型家庭服务人员不能与成年异性同住一室。

3）对于有性骚扰行为的客户，应及时回避或坚决回绝，不可有丝毫的犹豫不决。当发生性骚扰，尤其是性暴力时，家庭服务人员可以采取以下措施：

①明确告知对方，自己对他的言行非常厌恶，或者明白地表示让他停止。如果我们不明确说停止，他会认为我们愿意，那他就会得寸进尺。

②如果突然被对方搂抱，而家里又有其他成员，则应大声呼救。要让家里其他成员知道他的丑恶嘴脸，我们自己也得以解围。如果家里没有其他成员，则应竭力挣扎自救，同时大声警告和威胁对方。记住：我们自己并没有错，应该理直气壮，根本不用怕对方。因为对方有错，对方心虚。

③也可机智周旋，寻找适当时机报警或及时向有关部门求助和投诉。

④有条件的，可以准备类似微型录音机等设备，录下骚扰者的语言或用手机拍下其非礼行为。以后找一个适当的时间与他谈谈，告诉他："你对我说的下流话我都录下来了，你对我做的非礼行为我都拍下来了。如果你痛改前非，我既往不咎，不去控告你。如果你继续冒犯我，我会到公安部门投诉你或到法院告你，这些录音和照片就是你实施性骚扰的有力证据。"

⑤受到性侵害后，一定要克服害羞害怕心理，保留证据，及时报警。同时应尽快去医院检查，以防内伤、怀孕或感染性病等，并及时进行心理咨询、心理治疗，医治精神创伤，学会保护自己。

案例与点评

女家政服务员受到性侵害应该如何做？

2010 年 6 月 17 日上午 9 时左右，李大姐应约来到位于蚌埠市朝阳路施徐村的施颜家中，为其做家务。施颜看到李大姐长得漂亮，便打起了坏主意。他趁家中无人，拉住李大姐的手，欲与其发生性关系。李大姐吓得急忙挣脱并连连表示不同意。但当李大姐欲夺门而出时，施颜从背后将其拦腰抱起，不顾其挣扎，强行实施了奸淫。随即李大姐向附近的派出所报案。派出所立案搜集了证据，抓捕了施颜，检察机关向法院提起公诉。

安徽省蚌埠市禹会区人民法院审理认为，被告人施颜违背妇女的意志，利用被害人上门为其家庭提供家政服务之机，对被害人实施了强奸行为，其行为已构成强奸罪。公诉机关指控的犯罪事实清楚，证据确凿充分，罪名成立，本院予以支持。法院判决被告人施颜有期徒刑3年6个月。

【点评】妇女依法享有性权利，即妇女依法享有实施或者不实施性行为的权利。我国宪法、刑法、民法通则、妇女权益保障法都有保护妇女性权利的规定。施颜的行为触犯了刑法，受到了相应的处罚。值得赞扬的是李大姐突破落后的旧思想，在自己受到性侵害后保留证据并及时向公安机关报案，为自己讨回了公道。所以，妇女受到性侵害应该保留证据，及时向附近的公安机关报案，这样才能及时有效地将犯罪嫌疑人绳之以法。

四、家庭服务从业人员对客户造成人身伤害的处理

家庭服务从业人员有义务尊重、不侵害客户的人身权。在工作中，家庭服务从业人员无论是故意还是过失给客户造成人身伤害都要承担相应的民事责任，触犯刑法的，还要承担刑事责任。

案例与点评

（中国法院网讯）平线是郝老太家的家政服务员。由于郝老太下肢瘫痪、脚部溃烂，每天她的女儿都来为她换药，然后用频谱仪烤脚进行消毒。2009年11月11日晚6时许，据平线说，郝老太的女儿来换药时怕老人疼，就先给郝老太吃了片止痛药，换完药并确定频谱仪关闭之后就离开了。平线想让老人的脚多舒服一会儿，便将频谱仪开到最强挡，十几分钟后关闭，当时平线用手摸了摸频谱仪，发现有些烫手。此时，郝老太已经睡着，于是平线用棉被把频谱仪和郝老太的脚盖上。平线在屋内逗留了一会儿便出去遛弯了，回来时发现屋里着火了，郝老太已经陷入熊熊大火中。

北京市朝阳区人民法院认为，平线法制观念淡薄，由于过失行为造成他人死亡的严重后果，其行为触犯了刑律，已构成过失致人死亡罪，应予惩处。由于平线过失致人死亡之犯罪行为给郝老太子女造成的经济损失，应予赔偿。鉴于平线归案后尚能如实交代所犯罪行，故酌情对其予以从轻处罚并适用缓刑。法院判决平线犯过失致人死亡罪，判处有期徒刑2年6个月，缓刑3年。平线赔偿附带民事诉讼郝老太子女经济损失共计164 912元。

【点评】其实，平线出于好意将已关闭的频谱仪打开想让郝老太的脚舒服些，但如果她有些法律意识，想到烫手的频谱仪可能会引起火灾，会给郝老太的人身和财产造成损害，自己要承担经济赔偿责任，甚至还要承担刑事责任，那么平线就不会出去遛弯，而是守在郝老太身边，火灾应该不会发生。所以，家庭服务从业人员要有这样的法律意识，无论是过失还是故意，对客户的人身和财产造成了损害，都要承担相应的经济赔偿责任，甚至承担刑事责任。

五、其他情况下家庭服务从业人员人身损害的处理

家庭服务从业人员在工作中有时需要与客户、家政服务公司以外的人打交道，难免人身权受到损害，此时，同样需要家庭服务从业人员依法维权。

例如现实生活中，由于有些人法制观念淡薄，出现了一些非法搜查家庭服务从业人员身体的情况。我国宪法规定公民享有人身自由权，禁止非法搜查公民的身体；妇女权益保障法也规定了禁止非法搜查妇女的身体；我国刑法对非法搜查女性身体构成犯罪的，将追究行为人的刑事责任。

案例与点评

李阿姨是张先生通过朋友介绍请来的家政服务员。一天，李阿姨准备洗衣服，发现洗衣粉用完了，便到附近的超市买洗衣粉。正准备离开超市时，被该超市的保安人员拦住，称怀疑李阿姨身上携带没有

交款的商品，要对其进行检查。尽管李阿姨多次表明自己的清白，但无济于事，李阿姨无奈，被保安人员带到了超市办公室，两名保安人员采取强制手段对李阿姨进行了搜身，由于没有发现李阿姨盗窃超市物品，李阿姨才得以离开超市。

【点评】超市以怀疑李阿姨盗窃其商品为由，强行对李阿姨进行搜身，严重地侵犯了李阿姨的人身自由权，其行为构成非法搜查。李阿姨有权拒绝被保安人员带到办公室，拒绝被搜身。如果侵权行为情节严重，李阿姨可以名誉权受到侵害为由，向人民法院提起民事诉讼，要求超市为自己恢复名誉、赔礼道歉，并可以要求赔偿损失。诉讼中李阿姨要提供证据，如现场目击者的证言，用以证明事实真相和事情经过。

提　示

在我国，拥有搜查权的机关只有公安机关和检察机关，其他任何机关、团体和个人无权搜查。而且，搜查女性身体必须由女性工作人员进行，这是出于对女性权益的特殊保护。

第五节　家庭服务中发生财产权益损害的处理

法律规定，任何公民对自己的合法财产享有所有权，不受他人不法侵害。任何侵害他人财产权的行为，侵权人都要承担相应的民事责任，甚至承担刑事责任。

财产所有权是指财产所有人依法对自己的财产享有占有、使用、收益和处分的权利。

占有：指对自己的财产进行实际掌管和控制。

使用：指按物的性能和用途对物加以利用。

收益：指收取所有物所产生的经济利益或物质利益。

处分：指依法对物进行处置，例如对物进行消费、将物赠与他人等。

一、财产损害的民事赔偿原则

财产损害的赔偿是指侵权行为人对他人财产的侵害应承担的赔偿责任。对侵害财产所造成的损害，首先应该考虑能返还原物的要返还原物；原物损坏但能修复的要尽量修复；修复后影响其质量和价值的，应予以相应的经济补偿；如果不能返还原物或恢复原状的，可以用种类和质量相同的实物赔偿，或按照被损害财产的实际价值给予货币赔偿。

例如，家政服务员在工作中意外将客户的电视机碰坏，该家政服务员应该负责修理电视机，如果不能修理，应该按照损坏电视机的实际价值赔偿电视机或者给予货币赔偿。

财产损害的赔偿要从实际情况出发，既要公平合理，又要实事求是，还要考虑侵害人的承受能力。

二、家庭服务从业人员自身财产损害的处理

保护公民财产权是我国宪法、民法、刑法等法律共同的任务。家庭服务从业人员财产遭受损失，可以要求侵权人承担相应的民事责任；严重的，触犯了刑法，还要依法追究侵权人的刑事责任。

案例与点评

小红是李先生家请来的家政服务员，她用两个月的工资买了一部漂亮的手机。一天，李先生6岁的儿子拿小红的手机玩，不小心掉在地上摔坏了。小红的手机应该由谁赔偿？

【点评】本案的侵权人是李先生的儿子，但他没有赔偿能力，应该由其监护人李先生承担赔偿责任。小红与李先生协商，由李先生承担手机维修费用，如不能维修，可以要求其购买一部同款手机作为赔偿，或者要求李先生依据手机的市场价给予经济赔偿。如果协商不成，小红可以向李先生住所地人民法院提起诉讼。

三、家庭服务从业人员对客户造成财产损害的处理

家庭服务从业人员有义务不侵害客户的财产权。在工作中，家庭服务从业人员无论是故意还是过失侵害客户的财产权，都要承担相应的民

事责任，有时甚至要依法承担刑事责任。

案例与点评

李阿姨在邵教授家做了 7 年多的家政服务员。双方相处得很融洽，李阿姨还经常得到教授的帮助。2010 年 10 月 12 日，是教授去世头七，李阿姨为教授烧了纸钱，打算给教授的房子最后做一次卫生。就在做卫生时，不小心将一个青花瓷花瓶打破了。教授的女儿很生气，要李阿姨赔偿损失 10 万元，并将李阿姨告到法院。法院认为，由于李阿姨的过失，使教授女儿的财产遭受重大损失，理应赔偿。但考虑到李阿姨的承受能力，法院多次做教授女儿的思想工作，请她看在 7 年尽心照顾其父亲的情分上，对赔偿数额做些让步，最后在法院主持调解下，达成了调解协议，李阿姨赔偿教授女儿 2 万元损失。

【点评】即便是过失，给他人财产造成损失同样要承担民事赔偿责任。本案中，法官从实际情况出发，考虑李阿姨 7 年的勤恳工作和经济承受能力，经多次调解，使案件的结果既公平合理又实事求是，还在李阿姨能够承受的范围内。

案例与点评

（中国法院网讯）麦某于 2010 年 5 月底在客户姜某家做家政服务员。7 月 1 日 10 时许，麦某在姜某家中打扫卫生，发现书房书柜里的挎包内有一个信封，内有人民币 3 614 元，麦某见财起意，将现金悉数装入自己包中。7 月 2 日 8 时许，姜某发现钱款丢失，对麦某心生怀疑，经询问，麦某拒不承认。后姜某以需要麦某作证为由，让其陪同去派出所报案。经搜查，民警当场从麦某携带的手包内起获 3 614 元赃款。法院认为，被告人麦某以非法占有为目的，秘密窃取他人财物，数额较大，其行为已构成盗窃罪，最终法院判决被告人麦某犯盗窃罪，判处有期徒刑 6 个月，并处罚金人民币 1 000 元。

【点评】麦某故意侵占客户财产，拒不承认，受到了应有的刑事处罚。如果麦某在见财起意的同时，想到了刑事处罚，可能就不会落得要在高墙内铁窗下改造 6 个月的结局。所以，家庭服务从业人员要有这样的意识：客户的财产在任何情况下都不能据为己有，哪怕是没有人看管的财物，我们也不能顺手牵羊，我们要知道，法网恢恢，疏而不漏。

思考题

1. 赵先生通过朋友介绍请来张阿姨照看老父亲。一天，张阿姨在扶老人下床时没扶住，两人均摔倒，张阿姨的腿还骨折了。为治病，张阿姨花了不少的医疗费。请思考并回答下列问题：

（1）张阿姨与赵先生之间形成了什么样的关系？简述理由。

（2）张阿姨应该如何解决自己的基本养老问题和基本医疗问题？

（3）张阿姨的损害应该由谁承担赔偿责任？理由是什么？赔偿内容包括哪些？

（4）如果张阿姨和赵先生想要分散上述风险，可以采取哪些措施？

2. 王大姐聪明能干，在长沙某家政服务公司的培养下，成长为该家政服务公司的金牌月嫂。为了留住王大姐，该家政服务公司与她签了五年期限的劳动合同。在公司才干了一年多，王大姐听说北京的月嫂收入更高，想趁自己年富力强多挣点钱。于是，打算辞职去北京做月嫂。请思考并回答下列问题：

（1）王大姐与家政服务公司之间形成了什么样的关系？简述理由。

（2）王大姐有权要求家政服务公司为自己缴纳养老保险和医疗保险吗？

（3）王大姐可以辞职去北京吗？理由是什么？王大姐应该如何做才是正确的？

3. 金阿姨是王先生通过中介公司请来的家政服务员，她到王先生家干活已有半年多的时间。当初双方约定，金阿姨的工作除了接送小孩上下学外，还要负责打扫卫生、煮饭等家务活，工资每月 1 500 元，一个月休息两天。至于其他条件一概没有涉及，也没有签订书面合同。金阿姨平时工作勤快，王先生家人都比较满意，双方相处融洽。不料，国庆节前金阿姨冷不丁地提出，按照国家规定，国庆长假期间她是可以休息的，如果不休息，王先生就得支付加班工资，而且应是平时工资的 3 倍。对于金阿姨突然提出的这一要求，毫无思想准备的王先生自然不肯轻易答应，但这样一来双方的关系就会变得很尴尬。现在，虽然国庆节已经过去，但双方的矛盾还没有消除。请思考并回答下列问题：

（1）用已学的知识，分析金阿姨、王先生、中介公司三者之间的关系。

（2）金阿姨的要求有法律依据吗？为什么？

（3）金阿姨应该如何消除双方的矛盾？

4. 19岁的陕北女孩兰兰通过职介所介绍来到西安北郊高先生家做家政服务员。兰兰和高先生没有签任何书面合同。关于工作内容、报酬有口头约定，但关于工作期限的口头约定没有。远离父母、孤单的兰兰经常用写日记的方式来寄托情思，并不时写下工作中的酸甜苦辣。3个月后的一天，兰兰的日记被客户偷看，由于其中涉及对客户的埋怨和指责，兰兰立即遭到解聘，1 000元工资也被客户扣下不发。请思考并回答下列问题：

（1）客户偷看兰兰日记的行为是侵权行为吗？为什么？

（2）此种情况下，客户可以单方辞退兰兰吗？为什么？

（3）客户可以扣下兰兰的1 000元工资吗？为什么？

5. 上海胡女士是某家政服务公司的保洁工，因会讲一些英语日常用语，常常被派到外籍人士家从事涉外家政。胡女士踏实肯干，经常受到客户的表扬，高兴时客户还会给胡女士一个拥抱。请问这种拥抱是性骚扰吗？为什么？

6. 王某2002年来京后一直从事家政服务工作，从2008年12月开始，她在刘女士的别墅做家政。2009年9月的一天，刘女士约了几个朋友来家里烧烤，其中包括李女士。李女士到刘女士家中后将自己的挎包放在了厨房的椅子上，然后到别墅外面烧烤。这时正在厨房收拾的王某看到李女士的包里有现金，遂起贪念，从里面抽出了一沓揣在了自己兜里，直到下午下班，王某将钱带回自己的暂住处藏了起来。后来，李女士发现自己丢失了6 800元现金。次日下午，刘女士问王某是否拿了客人的钱，王某承认，后刘女士报警，赃款被扣押并发还。李女士表示不追究王某的刑事责任。

北京市顺义区人民法院审理认为，被告人王某以非法占有为目的，采用秘密手段窃取公民财物，数额较大，应以盗窃罪追究其刑事责任。鉴于其认罪态度较好，案发后能积极退还赃款，并取得了受害人的谅解，故酌情对其从轻处罚，法院以盗窃罪判处王某拘役 3 个月，并处罚金人民币 1 000 元。

讨论：本案例中，家政服务员王某基于什么行为受到了刑事处罚？基于什么行为对其从轻处罚？家庭服务从业人员从中应该吸取什么教训？

结 束 语

奔向家庭服务业的春天

提高家庭生活质量，追求幸福家庭生活是人民群众的共同愿望和永恒追求，也是党和政府历来十分关心的民生大事，更是家庭服务业发展的动力源泉。当前，我国家庭服务业已经站在了一个新的历史起点上，正迎来科学发展的春天，面临着前所未有的机遇：一是全面小康时代人民群众对美好生活的新期待、新需求，将为家庭服务业的加快发展提供广阔的市场空间；二是党和国家从国家战略高度制定的一系列扶持政策和优惠措施，将为家庭服务业的加快发展注入强劲能量和持续动力；三是社会各界对家庭服务业的关注、认同和支持，将为家庭服务业的加快发展提供良好的发展环境；四是家庭服务业的转型和升级，将进一步激发全行业创业、创新、创造的激情和活力；五是发达国家的先进经验和管理模式，将为家庭服务业加快发展提供有益的参照和借鉴。我们相信，家庭服务业的明天一定会更加美好。

家庭服务业的加快发展，呼唤从业人员队伍的职业化。有志于从事家庭服务的朋友们和正在从事家庭服务的朋友们，赶快行动起来，抛弃那些桎梏我们的落后思想，让我们一起奔向家庭服务业的春天！在我们身边已经有千千万万的兄弟姐妹，正辛勤耕耘在家庭服务业的大地上，用自己的汗水和智慧谱写着一个又一个美丽感人的故事。加入他们，走出对家庭服务职业的认识误区，调整心态、摆正位置，按照职业化的要求，努力提升自己的职业素质，在家庭服务业的春天里播种幸福生活。

附录　家政服务合同参考文本

家政服务合同（三方）

甲方（客户）：______________________________

乙方（家政服务公司）：______________________

丙方（家政服务员）：________________________

根据《中华人民共和国合同法》及其他有关法律、法规的规定，甲、乙、丙三方本着平等、自愿、诚实守信的原则，经协商一致，签订本合同。

第一条　服务内容与要求

1—1　乙方向甲方推荐丙方，为甲方提供（请在“□”内打“√”）：

□一般家务；□照料孕产妇与新生儿；□照料小孩；□照料老人；□护理家庭病人；□其他服务________________________。

1—2　乙方提供的服务管理内容为______________________。

1—3　服务要求__________________________________。

第二条　服务地点

____

____。

第三条　服务方式与期限

3—1　服务方式（请在“□”内打“√”）：

□钟点制　□全日制　□住家制

3—2　服务期限：______年__月__日至______年__月__日；

服务时间：每__________，_____时至____时。

第四条　费用及其支付方式

4—1　甲方支付丙方服务报酬：人民币______元/_____；

支付方式：__________________________________。

4—2　甲方支付乙方中介费：人民币____________元；

支付方式：____。

4—3　乙方服务管理费：人民币______元/月，由____方支付；

支付方式：____。

第五条　甲方权利义务

5—1　甲方有权要求丙方提供真实的身份信息，乙方应向甲方提供丙方的相关信息。

5—2　甲方有权要求丙方提供卫生部门指定体检单位的有效体检合格证明；甲方有特别要求的，丙方体检费用由甲方承担。

5—3　甲方有权要求丙方提供家政岗位培训及相关家政等级培训的证明。

5—4　有下列情形之一的，甲方有权要求乙方调换丙方：

（1）丙方有违法行为的；

（2）丙方患有传染病或精神疾病的；

（3）丙方有刁难、虐待甲方成员等严重影响甲方正常生活行为的。

5—5　甲方应在签订合同时出示有效身份证件，如实填写家庭住址、居住条件、联系电话、服务内容以及家庭成员是否患有传染病、精神疾病等。

5—6　甲方应尊重丙方的劳动，对注意事项应予提醒，并妥善保管家中贵重物品。

5—7　甲方为丙方提供安全、适当的工作环境和休息条件，对全日制和住家制家政服务员应当给予每周___天的休息时间。如因特殊情况不让丙方休息，征得丙方同意，并应按天付给丙方人民币_____元报酬或补休。甲方不得让丙方违规作业，不得虐待丙方，不得危害丙方人身安全，不得让丙方与异性成年人同居一室。丙方在提供家政服务时发生意外事故的，甲方应及时采取必要的救治措施，并通知乙方和有关部门。

5—8　约定服务期满，甲方如需要继续服务的，应提前___天向乙方、丙方提出续约。

5—9　甲方应按照有关规定，到服务所在地相关部门为住家制家政服务员办理登记等手续。

第六条　乙方权利义务

6—1　乙方应对丙方身份进行核查验证，并保留相关有效证明的复印件____年。

6—2 乙方应督促丙方办理健康体检，要求丙方提供卫生部门指定体检单位的有效体检合格证明。

6—3 乙方应对丙方提供必要的岗前培训，实行跟踪管理、监督指导，定期回访了解丙方的服务情况。

6—4 乙方应对丙方的职业道德、工作技能、服务水平进行必要的培训管理教育，为丙方逐步建立个人职业信息档案。

6—5 对于甲方或丙方的投诉、反映的情况，乙方有责任向甲方或丙方了解、核实情况，并做相应处理。

第七条 丙方权利义务

7—1 丙方在服务期间，应注意安全，规范操作，增强防火、防盗、防触电、防煤气中毒等安全意识。

7—2 丙方不得向他人泄露甲方的家庭成员情况、经济状况、工作或学习的地址、电话号码、住址、身份及隐私等家庭信息。

7—3 丙方未经甲方同意，不得带任何人进入合同约定的服务场所。

7—4 工作时间，丙方不能提供服务的，应向甲方请假并取得同意。

第八条 保险及责任承担

8—1 甲方______（应填“同意”或“不同意”，打“√”无效）委托乙方办理个人投保的家政服务责任保险，费用由甲方承担。

保险公司及产品名称：______________________________。

保险金额：人民币______元，保险费：人民币______元。

8—2 乙方______（应填“同意”或“不同意”，打“√”无效）为□甲方、□丙方（请在“□”内打“√”）办理家政服务有关保险，费用由乙方承担。

保险公司及产品名称：______________________________。

保险金额：人民币______元，保险费：人民币______元。

8—3 丙方______（应填“同意”或“不同意”，打“√”无效）委托乙方办理个人投保的家政人员意外综合保险，费用由______方承担。

保险公司及产品名称：______________________________。

保险金额：人民币______元，保险费：人民币______元。

第九条 合同的解除

甲、乙、丙三方同意，有下列情形之一的，一方可书面通知其他两方解除本合同：

（1）丙方、甲方及甲方家庭成员有恶性传染病或精神疾病而未如实告知的；

（2）甲方或丙方中，任意一方存在恶意刁难、虐待等严重损害另一方身心健康行为的。

第十条　违约责任

10—1　甲方或丙方提前中止合同，提出方应按月报酬的___%向另一方支付违约金。

10—2　甲方逾期支付工资等费用的，每天应按逾期支付费用的___%向乙方或丙方支付违约金。

10—3　甲方串通丙方脱离乙方管理、私签协议并接受服务的，按照合同约定的月服务管理费的___%向乙方支付违约金。

10—4　其他违约责任____

____。

第十一条　其他约定

____

____。

第十二条　争议解决方式

三方发生争议的，可协商解决，或向有关部门申请调解；也可直接向原告所在地或被告所在地或争议发生地法院提起诉讼。

第十三条　附则

13—1　本合同未尽事宜，可另行协商并签订补充协议，与本合同具有同等法律效力。

13—2　本合同自三方签字或盖章之日起生效。本合同一式三份，甲、乙、丙三方各执一份。

甲方：

身份证号：________________________　联系电话：__________________

住所（址）：______________________________　邮编：______________

签字/盖章：____________________

乙方：

注册号：________________________ 法定代表人/负责人：____________

经办人：________________________ 联系电话：__________________

住所（址）：______________________________ 邮编：______________

签字/盖章：____________________

丙方：

身份证号：_______________________ 联系电话：__________________

住所（址）：______________________________ 邮编：_____________

签字/盖章：____________________

签约日期：______年___月___日

家政服务合同（两方）

甲方（客户）：________________________________

乙方（家政服务员）：__________________________

根据《中华人民共和国合同法》及其他有关法律、法规的规定，甲、乙双方本着平等、自愿、诚实守信的原则，经协商一致，签订本合同。

第一条　服务内容与要求

1—1　乙方为甲方提供：

____

____。

1—2　服务要求______________________________________。

第二条　服务地点

____

____。

第三条　服务方式与期限

3—1　服务方式（请在“□”内打“√”）：

□钟点制　□全日制　□住家制

3—2　服务期限：______年__月__日至______年__月__日；

服务时间：每__________，_____时至____时。

第四条　费用及其支付方式

甲方支付乙方服务报酬：人民币______元/_____；

支付方式：____。

第五条　甲方权利义务

5—1　甲方有权要求乙方提供真实的身份信息。

5—2　甲方有权要求乙方提供卫生部门指定体检单位的有效体检合格证明；甲方有特别要求的，乙方体检费用由甲方承担。

5—3　甲方有权要求乙方提供家政岗位培训及相关家政等级培训的证明。

5—4　甲方应在签订合同时出示有效身份证件，如实填写家庭住址、居住条件、联系电话、服务内容以及家庭成员是否患有传染病、精神疾病等。

5—5 甲方应尊重乙方的劳动，对注意事项应予提醒，并妥善保管家中贵重物品。

5—6 甲方为乙方提供安全、适当的工作环境和休息条件，对全日制和住家制家政服务员应当给予每周___天的休息时间。如因特殊情况不让乙方休息，征得乙方同意，并应按天付给乙方人民币____元报酬或补休。甲方不得让乙方违规作业，不得虐待乙方，不得危害乙方人身安全。乙方在提供家政服务时发生意外事故的，甲方应及时采取必要的救治措施，并通知乙方亲属。不得让乙方与异性成年人同居一室。

5—7 甲方应按照有关规定，到服务所在地相关部门为住家制家政服务员办理登记等手续。

第六条 乙方权利义务

6—1 乙方在服务期间，应注意安全，规范操作，增强防火、防盗、防触电、防煤气中毒等安全意识。

6—2 乙方不得向他人泄露甲方的家庭成员情况、经济状况、工作或学习的地址、电话号码、住址、身份及隐私等家庭信息。

6—3 乙方未经甲方同意，不得带任何人进入合同约定的服务场所。

6—4 工作时间，乙方不能提供服务的，应向甲方请假并取得同意。

第七条 保险及责任承担

7—1 甲方______(应填“同意”或“不同意”，打“√”无效）为乙方办理个人投保的家政服务责任保险，费用由甲方承担。

保险公司及产品名称：____________________________。

保险金额：人民币______元，保险费：人民币______元。

7—2 乙方______(应填“同意”或“不同意”，打“√”无效）委托甲方办理个人投保的家政人员意外综合保险，费用由______方承担。

保险公司及产品名称：____________________________。

保险金额：人民币______元，保险费：人民币______元。

第八条 合同的解除

甲、乙双方同意，有下列情形之一的，一方提前 7 天可书面或口头通知另一方解除本合同：

（1）乙方、甲方及甲方家庭成员有恶性传染病或精神疾病而未如实告知的；

（2）任意一方存在恶意刁难、虐待等严重损害另一方身心健康行为的。

第九条　违约责任

9—1　任意一方提前中止合同，提出方应按月报酬的___%向另一方支付违约金。

9—2　甲方逾期支付工资等费用的，每天应按逾期支付费用的___%向乙方支付违约金。

9—3　其他违约责任____。

第十条　其他约定

____。

第十一条　争议解决方式

双方发生争议的，可协商解决，或向有关部门申请调解；也可直接向原告所在地或被告所在地或争议发生地法院提起诉讼。

第十二条　附则

12—1　本合同未尽事宜，可另行协商并签订补充协议，与本合同具有同等法律效力。

12—2　本合同自双方签字或盖章之日起生效。本合同一式两份，甲、乙双方各执一份。

甲方：

身份证号：________________________　联系电话：______________

住所（址）：______________________________　邮编：__________

签字/盖章：________________________　签约日期：______年___月___日

乙方：

身份证号：________________________　联系电话：______________

住所（址）：______________________________　邮编：__________

签字/盖章：________________________　签约日期：______年___月___日